邏輯贏話術

德國菁英教你在壓力下
反敗為勝、創造雙贏的
自信溝通法

Argumentieren unter Stress
Wie man unfaire Angriffe erfolgreich abwehrt ≻ Albert Thiele

德國企業溝通訓練專家
阿爾伯特·提勒 著

王榮輝 譯

〈推薦序〉
練好您的溝通合氣道

王永福

　　在翻閱這本書時，辯論「合氣道」這一個字眼多次出現，我看了倍感熟悉，也帶著我回到過去曾經的記憶裡。

　　年輕的時候，我曾經修習過好幾年的合氣道。雖然這是一門防衛跟攻擊的武術。但是整個修行的核心精神卻在於「不爭」，也就是不與對方對抗，利用引導及同化的方法，將對方的施力，最終引導到我們想要的方向。對方出力越猛，最終返回的力量也越大。可以說是一種借力使力，以柔克剛的武術修煉。

　　用這樣的角度來看這本書，很多觀念就變得清晰許多。雖然本書主題談的是異議溝通，但是書上教的並不是如何爭辯，而是如何有效的化解攻擊，把討論導引到正確的主題上。就如同合氣道一樣，借力使力，不爭而爭。重點不在於贏得爭辯，而是回到討論的核心，讓彼此的爭論方向一致，爭的不是輸贏，而是辯得更有成果。

　　在技巧面，書裡提到使用橋句的技巧，就是用來承接言語攻擊，並且轉回到就事論事的技巧。還有針對問題做澄清式的反問，或是忽視對方言語的威脅，條理式地將討論引導回正題。甚至當對手使用肢體語言及姿勢態度上的施壓，書裡也提供了許多破解之道。這些都像是武術的修煉，提供給大家一些有效的招式，來化解攻擊，並且防衛自己的論述及觀點。

　　在心態面上，本書也提供了許多有效的方法。如何舒緩緊張？如何做好準備？上台前幾分鐘應該做那些事情？也可以在本書中找到解答。還有如何應對特定的溝通場景：例如會議、談判、簡報、與接受訪談。也是本書討論的重點。甚至包含女性如何在職場溝通進行應對，書裡也有專門的章節說明。除了理論架構外，書中也提供了許多應對的範例，值得大家參考及練習。

　　這本書的內容非常豐富，也有許多不同的技巧跟舉例。我建議讀者可以先快速的略讀一下，先抓到整體的脈絡及應用重點，再根據自己的需求，找到喜歡的篇章仔細閱讀。如果可以的話，再花點時間做一下書中的自我練習題。相信透過這樣有目的的閱讀及學習，大家一定可以學到一些未來在討論及溝通上有幫助的技巧。

　　如同所有武術的修行一樣，「辯論合氣道」也需經過反覆的練習，在需要時才能直覺反應，能成為呼吸般自然。希望大家能透過本書，逐漸修行，幫助大家在職場上「不爭而勝」，達到最終的目標。

（本文作者為專業簡報講師，著有《上台的技術》）

目次

前言

　　經濟不景氣的時代，不公平的攻擊來勢洶洶。當轉圜餘地變小，或是必須討論有高度爭議性與情緒性議題時，往往就會引發攻擊性的衝突。

　　諸如人身攻擊、強勢的表情和手勢、格言論證 [1]、硬拗、抹黑、威脅等，都會讓人倍感壓力。本書將帶你認識應對不公平辯論最重要的方法，並且傳授你妥善可靠的處理方式。此外，本書觸角也涉及所謂「垃圾步」（往往能發揮嚇阻作用）在內的各種潛在、微妙的權力遊戲。本書最核心的部分則在於讓讀者能及早看出各種明的與暗的非就事論事手段，進而巧妙地化解，讓對話得以續行。

　　本書所建議的防禦策略涉及到明智的反應，這當中不僅要考慮事情的來龍去脈，更要顧慮心理方面的前因後果。光是具備機敏應答的技巧是不夠的；試想，如果你在整個領導階層面前用你的伶牙俐齒羞辱了另一位同事，就長期而言，逞一時的口舌之快對你會有什麼好處？

　　這本指南將針對壓力的情境，給讀者帶來超越技巧以外的辯論訓練，並將指出所有會對你的對手造成影響的因素。當你越能散發個人自信與權威，你就越能昭示對手：你不僅是站在對等地位上與對方溝通，即使在充滿異議與不公平的情況下，你也能讓彼此的溝通保持平衡。因此，培養出以自信與鎮定來克服自我懷疑的心態，也是這場辯論訓練不可或缺的一環。

　　「每一項技藝都需要練習！」這句格言也適用於辯論。是以，不斷增

---

1 格言論證（德：Killerphrase 英：thought-terminating cliché）是指引用格言、俗諺或民間智慧為主張，不考慮其背後理據與適用情境。

進辯論能力的關鍵就在於練習。在各式各樣的溝通場合裡（例如對話、談判、會議、討論等），存在著許許多多可供我們學習、嘗試、精進自己辯論能力的機會。

　　除了與辯論有關的專業知識外，本書還提供了相應的訓練計畫，讀者可藉此讓自己的辯論能力趨於完善。只需要藉助錄音或計時，它們可以幫助各位讀者自主訓練相關技巧，進而順利地實踐出這些技巧。讀者可以單獨或是在夥伴陪同下進行這些訓練。藉助這樣的訓練計畫，你可以在以下這幾方面取得長足進步：

- 準確、清晰且結構嚴謹地表達自己的論點；
- 在未準備的清況下從容地辯論；
- 阻止不公平的攻擊並且讓對話繼續進行下去；
- 熟練地應對就事論事的異議。

　　在閱讀本書時，建議你從書中篩選出適合你個人的應用情況、個性與事業目標的建議。

　　在此，我要特別向我的訓練師同事們表達由衷的謝意，他們曾經給予我各式各樣的支持。其中首先要感謝的是我的夥伴兼好友席格瑪·紹爾（Siegmar Saul），他總是不厭其煩地當我的諮詢；事實上，本書的品質與實用性，有一大部分得歸功於他在專業和語言方面的優秀能力及許許多多的改善建言。此外，我還必須感謝我的助教烏里希·金茲勒（Ulrich Kienzle）與赫穆特·雷姆森（Helmut Rehmsen）；他們與我一同完成許許多多電視與媒體方面的訓練課程。在本書〈上廣電節目時的困難狀況〉那一章裡，讀者們可讀到在這些媒體訓練課程裡所傳授的重要實用秘訣，例如「封鎖、跨接、交錯」的觀念。

　　希望各位在閱讀本書或進行訓練計畫時，不僅能獲得許多喜悅，還能獲得許多「尤里卡」（Eureka；希臘文「我知道了！」之意）的體驗！祝福各位讀者，總能滿懷信心地防禦並克服不公平的攻擊，繼而藉助更妥善的事實論述迎向成功！

阿爾伯特·提勒博士

導論

　　本書乍看之下會讓人聯想到各式各樣不同的情況。諸如私人間的口角衝突、職場上的言語攻擊、格言論證、政壇或電視上火爆的爭辯等，都是可以想到的狀況。每當我們覺得自己面臨的爭執狀況或事件既困難又充滿威脅，我們便特別容易感受到壓力。至於領導階層與專業人員，每當他們必須去防禦不公平的攻擊，或是去面對批判性的異議、恫嚇的表情與手勢，甚或那些無法一眼看穿的心理戰術，他們往往也會覺得壓力重重。當人們討論到充滿爭議性與情緒性的主題並因而激化彼此對立時，各種攻擊性或惡毒的辯論手段特別容易被帶進對話裡。此外，不公平的手段還具有另一項作用：它們可以幫助攻擊者迴避自己在事實論據上的孱弱；縱使自己在客觀上根本站不住腳，仍然可以振振有詞地主張自己是對的。

　　誠如日常經驗所示，在職場上的各種溝通場合裡，我們往往可能因為某些公開或潛藏的不公平手段而陷入壓力。這樣的壓力狀態有可能出現在對話或談判裡，也有可能出現在討論、報告或電視訪談中。我們不妨來觀察一下以下幾個典型的例子：

- 由於交付的商品在品質上有嚴重瑕疵，因此引發了一場激烈爭吵。銷售部門的經理不僅對你人身攻擊，更嚴厲指責你：「身為品管部門的頭兒，交付的貨物品質不良，這所有的責任必須由你一肩扛起。你根本就是無能，完全沒辦法掌控好你的團隊……」緊接著又是一陣言語攻擊和辱罵。你陷入了沉重壓力。這時該如何

是好？

- 你正與某個重要客戶在進行一場艱難的議價。你的談判對手表現出一副相當「難纏」的樣子。他不僅對你施壓，一再打斷你的話，三不五時還會有意無意地奚落你：「你做這行是做多久了？」藉此來貶抑你的能力。到了談判的關鍵階段，你的談判對手釋放出一個訊息：有家競爭廠商出了比你們公司低百分之二十五的價格！這個數字很可能是「捏造的」。這時你該如何是好？

- 你的老闆拍板敲定了新的經營路線。身為計畫執行者的你，必須將新的理念介紹給生產部門那群喜歡批評的同事。為此，你不但遭到猛烈的人身攻擊，還面臨同事們的格言論證。這群同事當中的非正式領導者特別大聲地告訴你：「這套新模式根本就不值得採用。有誰會比我們這個團隊更了解整個流程？儘管如此，卻從未有人來徵詢過我們的意見。那些企業顧問只不過是想藉這樣的計畫來敲公司一筆。」緊接著他又說：「至於你，你也只是關心自己的前途，所有倒楣的事都要我們的部門來扛……」這時你該如何是好？

- 在一場會議裡，老闆很不耐煩地要你說說你對市場前景的看法。然而，你根本沒時間做準備。面對老闆這突如其來的要求，你不禁倍感壓力。這時你該如何是好？

- 你必須倉促地前往某個決策委員會做個重要的簡報。光是想到這是個國際級的委員會，就讓你感到不安與惶恐：這個委員會會有何反應？你能夠將核心信息以明白易懂的方式傳達給委員會嗎？萬一有些問題你反應不過來，或是你的簡報讓聽眾們哈欠連連，你該如何是好？

- 你們公司有艘油輪不幸在北海發生船難。身為公司發言人，你必須在倉促之間上電視節目表達公司的立場。你並不習慣面對攝影機和麥克風，必須要與怯場與冷汗直流奮戰。你內心的喃喃自語增添了自己的惶惶不安：你該如何過這一關？你的表現能否滿足公司對你的期待？萬一你一時失常或記者不就事論事，那該怎麼辦？觀眾們會不會從你的肢體語言和聲音看出你有多緊張？這時

你該如何是好？

你可以添加一些類似或其他含有不公平辯論的狀況或事件，繼續增加這些例子。在本書裡，你將認識到這些不公平甚或惡毒手法分布廣泛的系譜，進而從中習得足以克服壓力狀態的各種知識與技能。

導論要談的重點：
1 本書的結構與功用
2 如何最妥善地運用本書
3 不公平攻擊的根源
4 基本概念

❖ 1 本書的結構與功用

當你在日常辯論中遭遇困境時，本書不僅可以幫助你妥善處理這樣的情況，還能幫助你化解不公平的攻擊，若有必要，甚至可以幫助你有效且熟練地反擊。這本書並不打算以無差別或公式化的方式去鋪排一些機敏應答的技巧。確切來說，本書的內容總是納入考量心理學的前因後果。不妨想想看，要是你在一場爭論中把某位顧客打得落花流水，卻同時破壞了你們之間的關係，這樣的舉措最終到底是幫助了誰？讓自己的態度做如下轉變顯然可取多了：

- 鎮靜地面對非就事論事的手段或言語攻擊；
- 靈活調遣有效的應對措施；
- 熟悉各種策略以應付進退兩難的困境或難纏的溝通對象；
- 根據實際的情況與需求，機敏地適度反擊。

本書旨在幫助讀者擇取一種適合自己且保證成功的對話或辯論修

養。這麼做的效益其實很明顯：你將可以把自己的精力高度有效地投注在重要議題上，進而贏得主控權。你將不會輕易地將權柄交給那些把淺薄知識和言語攻擊串聯在一起的人。萬一你在辯論中陷入了受迫的形勢，各種「生存策略」將幫助你以鎮定、沉穩的態度去面對。書中各種建議可以幫助你在演講或辯論時將個人壓力等級調至最佳狀態。你將從本書學會許多類似於「合氣道」的自我防衛辯論技巧，這些技巧有益於你控制局面、防禦攻擊、讓攻擊者的氣力回歸議題。

　　本書是針對壓力下辯論所撰寫的指南。是以，理論方面的論述會盡量精簡，並且以有益於可實踐的行動為限。

邏輯贏話術		
在壓力下反敗為勝、創造雙贏的自信溝通法		
I. 在壓力情況下，成功論據的基本原則		
1.讓內心鎮定的方法	2.準確而有效的準備	3.自信地上台
4.防禦不公平的攻擊	5.詭計與心理戰術	6.機敏應答技巧
7.五句技巧	8.處理異議	9.基礎技能
II. 在特定壓力情境下，成功論據的策略		
10.會議與討論	11.批判性的對話	12.談判
13.上廣電節目	14.報告	15.給女性的建議
III. 落實與訓練		
16.落實協助	17.訓練計畫	

　　由上面的一覽表可以看出這本指南的概念體系。你在一至九章裡可以學到妥善應對壓力狀態最重要的技巧與前提，它們能幫助你在受迫的情況下辯論。基本上這個部分涉及到的都是一般性的建議，大抵來說，你可以將它們應用在所有的溝通場合。

　　在十至十四章裡涉及的全是具體的應用情況，其中相關論述的重心擺在某些困難的段落裡，根據過往的經驗，壓力等級在那些情況下往往會升高。第十五章是針對女性領導階層給予更進階的壓力辯論建議。至於最終的兩個補充章節則是涉及到如何成功地落實（第十六章）及訓練前述的技巧（第十七章）。

為了讓讀者有更為清楚的概觀，在此先行將各章的主題簡述如下。

I. 在壓力情況下，成功論據的基本原則

第一章要講述的是如何成功地培養鎮定且積極的心態。如此一來，在面對不公平的攻擊和壓力狀態時，你便不致於恐慌。本章的重點在於如何以最妥善的方式克服恐懼（它們會阻礙思考，在最糟的情況下甚至會引發「暫時性眼前昏黑」）。

第二章要講述的是如何針對目標為辯論做好妥善準備。藉助這些準備，你將可以增添額外的安全感與成功的自信心，因為你不但將自己的辯論策略調整至最佳狀態，還預先對可能遭遇的困境擬就了各種處理方法。

在第三章裡，你將認識自信上台最重要的各種前提。在這裡你會明白，該如何藉由外在姿態向對手昭示你的自信與實力。

在第四與第五章裡，我將告訴你如何才能免於不公平的攻擊、潛藏的詭計以及心理戰術等惡劣手段侵害。這個部分還涉及到非言語的宰制信號與鬥爭信號，那些會去搞小動作的對手會利用它們來誘發你的自卑感。

在第六章裡，我將介紹十種最重要的機敏應答技巧。我會把重點放在如何有效和緩、降溫的技巧上。

在第七至第九章裡將介紹成功的說服工作不可或缺的各種基礎能力。你在第七章裡將學到五句技巧的一些小秘訣。在第八章裡會明白如何處理對手的異議。至於第九章，我則會介紹更多相關的基礎技能。

II. 針對特殊壓力狀況的策略

第十至第十四章涉及到的是辯論實戰。在這些情況裡，你可能會因為不同的實際狀況而陷入辯論的壓力中。我將針對以下這幾種特別困難的狀況給予你操作建議：

- 會議與討論（第十章）
- 批判性對話（第十一章）

- 談判（第十二章）
- 上廣電節目（第十三章）
- 做報告（第十四章）

　　第十五章的重點與女性的辯論訓練有關，是以我們訓練課程裡女性學員覺得特別重要且迫切的學習需求和期待為出發點。相關的實用秘訣不僅有益於女性在男性居多數的小組裡以平等的態勢參與辯論，更有益於增強女性的升遷實力。

III. 落實與訓練

　　我在第十六章將告訴你，就學習心理學的角度來看，為什麼在日常生活中養成新習慣會很有助益。最後在第十七章裡，我將介紹你一套訓練計畫，你可以藉助它自主訓練最重要的辯論技巧。

❖ 2 如何最妥善地運用本書

　　這本指南旨在不斷改善你的辯論能力。以下幾項訓練提示將幫助你迅速找到適合你實際情況的相關內容與實戰秘訣：

- 基於本書模塊化的結構，你不必考慮篇章的順序，可以直接針對自己的實際需求挑選個別的篇章研讀。
- 你在第十七章裡可以找到一套訓練計畫，其中包含針對最重要的辯論能力所設的練習題及解答建議。這些練習與第七章「五句技巧」、第四章「防禦不公平的攻擊」、第六章「機敏應答技巧」、第八章「處理異議」相互呼應。
- 請謹記，在你閱讀過程中最好將對你特別有助益的說明或提示摘錄下來，如果可能，不妨進一步為自己量身訂作一套實戰計劃。
- 第十六章會教導你如何擬定實戰計劃，並且創造有益你不斷改善辯論能力的條件。
- 請先釐清自己的目標與學習需求。以下的問題將幫助你了解自己

目前的實力與改善的潛能：

你如何看待自己的辯論能力？

- 你在辯論上特別擅長哪些地方？哪些地方則是你需要學習的？
- 你認為，在處理異議、批評與難題方面，自己的能力如何？
- 當身處在爭吵情況時，你能保持信心與穩定到何種程度？
- 你會用怎樣的措辭去應對下列幾種不公平的攻擊：
  - 你所說的簡直愚蠢至極！
  - 你又準備不周了！
  - 萬一在這一年裡你的建議失敗了，我們該如何是好？
  - 我覺得你的報告無聊透頂！
  - 小姐，妳看起來糟透了！妳或許該去睡個美容覺，看能不能好
    一點！
  - 好了，小姐，妳就別再哭哭啼啼了！
- 你的交談對象從頭到尾一直盯著你看。你會做何反應？
- 你的老闆當著所有同事面前痛批你。你會做何反應？
- 你的交談對象在你講話時總是挑釁地左顧右盼。你會做何反應？
- 你認為，自己的應答有多機敏？

　　請從本書找出適合你個性的建議，它們能確保你在具體實戰中贏得勝利。你不妨立刻開始試著做。請注意，你只能逐步地將個人壓力等級降至你所期望的程度。此外，當你在應用本書所引介的技巧時，有可能成功，也有可能失敗。借鑒失敗經驗並且將它們轉化為學習資源，這對於建立自我價值感不可或缺。

❖ 3 不公平攻擊的根源

　　不公平的攻擊往往是突如其來，這使得要做出得宜反應格外困難。透過攻擊，攻擊者（不分男性女性）不僅決定了「互動方式」，更進而影響了在互動中扮演要角的「情緒」。根據實際情況、交談對象及事情的來

龍去脈等各種因素，引發不公平攻擊的動機可能千差萬別：

- 人與人、部門與部門、企業與企業之間的**緊張關係或潛在衝突：**當氛圍越冰冷，關係越惡劣，就越有可能會去採取非就事論事的手段。攻擊者的言語攻擊可能會因為以下這樣的內心獨白而觸發：「今天我非得讓他瞧瞧問題在哪！反正他總是只想將自己的利益建立在別人的付出上。」接下來，一陣攻擊便如晴天霹靂開始衝著你而來。當然這還會視人格類型而異，看是明著來，還是暗著來。

- 攻擊者想要直接或間接在你身上製造**罪惡感或恐懼感**。舉例來說：你是位軟體約聘人員，截至目前為止，你與某家大企業已經合作了三個年頭。由於你的客戶想要重新議價，於是他們就有意無意地對你施壓：「前段時間我們收到別家廠商的報價，同樣的東西他們硬是比你便宜了百分之三十。雖然我們很滿意你的績效，不過百分之三十可不是筆小數目……」

- **出風頭及強勢的表情與手勢：**某些人會透過非就事論事的手段來彰顯自己的不可或缺與重要性。他們不僅會藉由冗長的獨白、高分貝的音量或誇張的動作來發送宰制信號，還會以高高在上的姿態來對待他們的交談對象。辯論與對話的品質並非他們所關心的重點，他們真正在意的其實是表現自我，以及無論自己說什麼都是對的。

- **非就事論事的辯論是達成目的的手段：**在這種情況裡，你的交談對象會試圖弱化你的立場，並且把他們的利益轉化為你的負擔。他們會根據實際情況施以不公平的小動作、陰險的詭計或心理戰術。

- **受挫式攻擊機制：**由於攻擊者在職場或其他生活領域裡遭受到挫折，於是他們便以情緒性的攻擊來回應受挫。他們會尋找某個替代對象，好抒發自己滿溢的攻擊慾望。

回應不公平攻擊時常犯的錯誤

- 太快對不公平的攻擊自投羅網。這當中潛藏著盲目的刺激反應的風險。當言詞（刺激言語）或議題（刺激主題）所含有的情緒性越強烈，這樣的風險便越大。
- 隨著攻擊者的聲音和情緒起舞。
- 不知不覺地接受了攻擊者的音量、談話速度與「水準」。
- 試圖以牙還牙、以眼還眼，導致衝突情勢節節高升。
- 為自己辯護、解釋冗長的前因後果或表達歉意。
- 失去鎮靜與自信，並且陷於被動。

❖ 4 基本概念

接下來的說明與建議中，會一再出現某些關鍵詞與學科，為方便讀者理解，在此先約略做說明。諸如「辯證法」、「機敏應答」、「修辭學」、「身勢學」等，都是我們接下來要介紹的概念。而在本節最末，你則會明白「壓力」指的是什麼。

和平辯證與鬥爭辯證

「辯證法」[2] 一詞具有廣泛的意涵，一般說來，它指的是在對話中實事求是的辯論技藝，或是爭論的技藝，換言之，就是在針鋒相對的對話裡主張自己意見的能力。在耶穌會的訓練裡，他們將「辯證的技藝」（ars dialectica）分成兩個領域：和平辯證與鬥爭辯證。

和平辯證

在平等的辯證（＝和平辯證）裡涉及的技藝有二：

1. 說服他人；

---

2 「辯證法」一詞源於古希臘文，意思是「聊天」或「進行正反發言」。它原本是指「矛盾的邏輯」或是「批判的、對比思考的哲學化方法」。在柏拉圖看來，辯證法必須以可追溯的證明方式來取信於交談對象。相反的詭辯家則認為，辯證法所涉及的是透過平等或不公平的方式勸說他人接受任何意見。「論爭術」則是爭吵的技藝。至於「爭論術」，同樣也是涉及到在所有情況裡主張自己是對的。——原注

2. 準確且有效地在對話中解決事實問題。

它包含了成功建構起複雜的說服過程（這樣的過程是由許多對話與交涉所組成）之能力。

第一點的適例：

- 你想讓你的團隊相信新的營運策略是對的。
- 你想讓董事會通過一筆預算。
- 你想在某個電視訪談中盡可能具有說服力地介紹你們公司。

第二點的適例：

- 你想在一場會議中達成某種所有或至少多數參與者都能接受的共識。
- 你在一群客戶面前建議某項解決方案，你希望聽眾能在對話中繼續擴充與調整這項方案，如此最終便能產生兩全其美的解答。
- 你希望你的同事在你的領導下能接納策略性的新工作流程。

在和平辯證的範疇裡只能使用平等的方法。這種互利的形式在雙方具有建設性的基本態度及實事求是的對話中表露無遺。

和平辯證的主要特徵

- 公平競爭的遊戲規則獲得尊重。
- 參與者共同尋求彼此可以接受的解答。
- 他人的意見獲得尊重。
- 言語爭執不會造成對話氛圍的負擔。
- 參與者願意給予較佳的論點優先權。
- 各種與權力及優勢有關的規矩無足輕重。
- 萬一發生爭吵，參與者仍然可以秉持公平與冷靜的態度。

如果以圖像來凸顯其中核心思想，我們不妨把對話或爭論看成一個狀態平衡的天秤。所有參與者試圖相互瞭解，他們不僅一同尋求解決事實問

題的答案，而且還把他人視為夥伴。這完完全全是一種合作的對話文化，參與者不但滿懷熱情地角逐最佳方案，更互相扮演彼此的「魔鬼代言人」（Advocatus Diaboli）。重要的是，即使在激烈爭辯中，所有參與者還是能夠維護自己的觀點。在遵循公平競爭的遊戲規則裡，人們在對話或討論裡所經受的壓力等級通常都能維持在合理的範圍內。儘管在職場或私生活中，人們經常會談及與良好的對話、傾聽或合作關係有關的能力，可是往往容易流於對美德光說不練。大家都曉得，諸如刺激主題、抹黑、人身攻擊和其他不公平、不正當的小動作或「奧步」，都會阻礙就事論事的思想交流。當討論到充滿爆炸性與情緒性的議題致使對立情勢趨於僵化，不公平的「劇目」往往就會上演。這些不公平的手段可大可小，往往取決於實際情境、議題性質，以及參與者之間的「化學關係」。

鬥爭辯證

　　在辯論中勝出、堅持自己的正確性、無論如何都要貫徹自己的立場，這些是最主要的目標。叔本華曾在他的《論爭辯證法》（*Eristische Dialektik*）裡論及保持正確性的技藝（即使自己的論據很薄弱）。有別於在和平辯證中只有「溫拿」，在鬥爭辯證中則是有「溫拿」與「魯蛇」之分，而且這兩者可能會變成仇敵。為了打倒對手並且貫徹自己的目標，鬥爭辯證者並不排斥使用惡劣的招數。在第四至第六章裡，你將見識到「奧步」的火藥庫，諸如不公平的小動作、陰險的詭計、心理戰術，或是猛烈的唇齒相譏。

鬥爭辯證的主要特徵

- 公平競爭的遊戲規則受到藐視。
- 對手或明或暗地發動攻擊。
- 特意在對手身上製造自卑感與恐懼感。
- 「必要時」會採取非言語的威脅舉措與鬥爭舉措。
- 氛圍緊張且往往令人不寒而慄（反感）。
- 因此，當遭受攻擊時，會出現高度的壓力等級。

基於以下理由，相當值得去認識這些不公平技藝的「劇目」：

1. 如果能及早識破非就事論事的手段，你就可以有效地保護自己。這點也是本書的重點之一。

2. 在某些情況裡，鬥爭辯證不僅會有助益，甚至還是必要的。不妨設想一下，你與一些（極端）凶狠的環保人士發生爭執，他們不僅猛烈抨擊你們公司，還對你個人極盡挑釁與侮辱。在這種情況下，利用強硬且機智的言語反擊來解圍十分有效。在第五章裡，你會學到相關建議與措辭範例。同樣在論政方面，若能以幽默、機智的方式回敬對手的攻擊，也會被視為某種實力的象徵。帶有反擊意味的機敏應答往往是最好的防禦。凡是能在這當中增添幽默風趣的人，通常都能取得優勢。

當你與對手獨處（舉例：你打電話向汽車製造商抱怨，你的新車已經拋錨第三次了），當在場的人多半都站在你這邊（舉例：當你在做簡報時，有個自以為是的傢伙屢屢舉手發言，可是其他聽眾對於他的「協同報告」相當厭煩），或者當你與對手之間的感情好壞無關緊要，在這些時刻裡，採取鬥爭辯證手段（換言之，為求勝利的手段）的風險便會降低。

機敏應答——辯證法的一個面向

想像一下，你正參加某個會議，與會的人士十分情緒化。銷售部門裡善於言詞的同事不僅正面對你發動攻擊，而且還以品質低劣為由抹黑你所屬的生產部門。他不僅對你有諸多責難，還批評你的領導能力。面對這樣的指責，你有點驚慌失措，一時之間為之語塞。直到另一位與會者在幾秒鐘的鴉雀無聲後平息了這場風波，會議才重新言歸正傳。在回家的路上，你突然想到妥善的回擊方式；只可惜已經晚了好幾個小時了！

你在這場會議缺乏的是機敏的反應，換言之，缺少了適時、合宜回應的能力，缺少了（如果可能的話）以幽默、風趣、切合情境的方式措辭的能力。良好的機敏應答關鍵在於能夠針對問題、異議或攻擊，予以迅速、準確且有創意的回應。因此機敏應答的能力可說是相當重要，無論在和平辯證或是在鬥爭辯證的情況裡，它都占有一席之地。

那些傳授機敏應答技巧的課程或書籍顯然還教得不夠全面。實際應用其實十分多樣與複雜，很難以公式化的方式套用幽默、機智的言詞進行回擊。當你遇上使用格言論證的老闆、重要客戶或記者時，你的反應絕對要與處理政治爭議或私領域裡的某些奧步截然不同。說得更明白一點，在許多狀況裡，光做到機敏應答其實是遠遠不夠的。針對困難情境的辯論訓練一方面必須以防禦侮辱、譏諷、強詞奪理，以及抵抗心智上的「將軍效應」（編按：西洋棋術語，被將死動彈不得之意）為目標。

另一方面必須要培養出維持溝通、避免對對話氛圍製造不必要的負擔，以及持續進行對話的能力。因此你不妨檢驗一下，對於事情脈絡以及你自己設定的目標，你所掌握的機敏應答技巧究竟適合到什麼程度？職場上最好盡可能避免使用「過於激烈的」機敏應答技巧。因為這麼做不僅容易激化對立，還可能長期破壞彼此的關係。

用貶抑的言詞或非就事論事的惡意批評當眾羞辱一個人，這麼做對你有什麼好處？即使乍看之下好像是你「贏」了，可是這場勝利終究會得不償失。因為你製造了一個敵人，一個會為你做負面宣傳的對手。如此的挫敗會讓攻擊者耿耿於懷。在我的訓練課程裡，我總是一再見到某些學員居然在多年後仍舊忿忿不平，因為他們的老闆無視於「四目原則」，當著所有同事的面痛斥他們。一般來說，貶抑他人的自我價值相當不可取。魯伯特·雷 [3] 對此曾正確地指出：為了贏，人們應該學會放棄勝利！因為永遠的勝利者才是輸家；他們所輸掉的，是同事與周遭的人。

辯證法是種不勝而贏的技藝。能夠掌握辯證工具的人雖然有能力取勝，可是他們不會去貶抑或壓制他人，更不會因此無端地為自己製造「敵人」。在意見分歧的職場爭論中，最好秉持這樣的基本原則：針對正確路線與最佳論據進行角力，同時還要顧及參與者的情感需求。要做到這一點，有效的辯論技巧與引導技巧是不可或缺的。如此一來才能迅速化解不公平且往往是在浪費時間的惡劣手段。在這當中，個人的機敏應答扮演了相當重要的角色。

另外兩個與實際辯論緊密相關的概念分別是：

---

3 Rupert Lay: *Dialektik für Manager*. Berlin 2003.

修辭學

《布洛克豪斯大辭典》（*Brockhaus*）將這項學科定義為：良好談話的技藝（拉丁文：ars bene dicendi）。應用修辭學尤其與經濟、媒體、政治與法律領域相關。修辭學訓練的重點，在於培養在面對聽眾時可以準確無誤且令人信服地進行陳述的能力。諸如言語技巧、肢體語言、編劇學、心理學和語言等方面的因素，都是修辭學所屬的方法。就廣義上而言，修辭學不僅限於獨白，也涉及到對話。在這時候，修辭學也會稱為對話修辭學。

身勢學

身勢學（希臘文的原意是「動作」）是一門與肢體語言有關的學問。它是實用的表意心理學，主要涉及到描述與詮釋人類肢體語言信號。身勢學對於我們所要討論的主題有兩層意義：

1. 就身為發言者的你而言：你該怎麼做才能取信於人？你該具備什麼樣的舉止、手勢與表情，才能讓你在充滿壓力的辯論裡表現出沉穩、自信的面貌？請謹記，你所有非言語的舉措都會告訴攻擊者，你究竟是覺得自己強大且對等，還是覺得自己弱小且卑微。
2. 這門與肢體語言有關的學問能幫助你及早看出對手的心理狀態，進而以合宜的方式回應。

過度的壓力會阻礙冷靜的辯論

當我們自覺辯論能力不足以成功的應對，我們便會將辯論的挑戰視為壓力甚或威脅。在防禦不公平的攻擊、機敏地回擊、處理棘手的僵局時（尤其當有重要的人參與〔例如頂級客戶、董事會、決策委員會等〕，或是身處在陌生氛圍〔例如出席電視節目、記者會、專家論壇等〕），領導階層與專業人員往往會倍感壓力。然而，每個人感受到的壓力等級會因個性、所掌握的辯論「劇目」或訓練狀況而有差異。

我們都內建了自動的壓力反應機制，藉以在緊急情況中戰鬥或脫逃。自從人類存在以來，這樣的警報程式確保了我們的延續。在面臨威脅時，我們的體內會釋放出許多緊張的能量，並且部分地阻止大腦的思

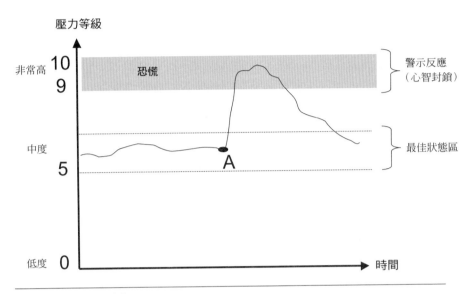

圖一：辯論時的壓力曲線

考。我們在主觀上會感受到恐懼。在臨界情況裡，我們陷入了恐慌。鎮
靜與穩定的感覺轉弱，不確定的感覺增強。在最不利的情況下，我們會
陷入所謂的「心理迷霧」[4]。這時我們的知覺會異常受限，心智上的封鎖
阻礙了深思熟慮的行動。在許許多多的生活領域裡，我們每個人都能見
到這樣的現象。例如：你遇上一場車禍，以致於什麼也想不起來；由於
飛機遇上強烈的亂流，令你陷入極度的恐懼；你遭受高分貝的抨擊，整
個人感到精疲力竭。過度的壓力[5]會導致恐懼、心理上的緊張（惡性壓
力），以及各種身體方面的生理變化，例如冷汗直流、心悸、呼吸和心跳
急促、膝蓋發軟、四肢發抖等等。

　　圖一顯示了這整體的關係。

　　中度至稍高的壓力等級有益於穩定且目標明確的行為。如果將主

---

4 出自美國心理學家費斯廷格（Leon Festinger）的認知失調理論（*A Theory of Cognitive Disso-nance*）。
5 壓力專家漢斯・薛利（Hans Selye）將壓力區分為「良性壓力」（Eustress）與「惡性壓力」
　（Distress）。良性壓力是種好的、對健康有益的負擔，會激發出效率與動能。相反的，惡性壓
　力會對人體造成有害的過度負擔。接下來所提到的「壓力」，指的都是惡性壓力。——原注

觀經受到的刺激由低至高區分成〇到十，介於五到七之間的不安等級可說是最理想的。在這個區段裡，我們的神經系統獲得了足夠的壓力，可以藉此自信地去行動或反應。當面臨攻擊、詐誘性問題，或其他非就事論事的手段時，未曾受過相關處理訓練的人往往容易反應過度並陷入恐慌。圖中的 A 點便代表：「就連你自己都不相信自己所說的」、「你所說的完全是胡扯」，或者，如果對手的攻勢再猛烈一點，你可能就會在頃刻之間全盤潰敗。換言之，你的心理狀態會一下子甩入恐慌區。每個人都曉得在類似情況下的後果會是如何：不安的狀態節節攀升、開始變得詞窮、大腦的神經突觸無法如你所願地順利運行。

藉助阿爾伯特・艾利斯（Albert Ellis）的 ABC 模型，我們可以更清楚地了解情緒的惡性壓力涉及到什麼，進而找出能在壓力狀態下獲得更多自信與鎮靜的正確策略：

ABC 模型

A 代表「激發事件」（activating event）：此為引發潛在壓力狀況的因素。

B 代表「信念」（beliefs）：對 A 的認知、想法與預測。

C 代表「情緒的結果」（emotional consequence）：亦即情緒方面的後果，或是基於這些預測所造成的壓力。

以實例來說明也許比較容易了解：

壓力可能是源自於你的對手對你做了「人身攻擊」。人身攻擊（或者只是擺了個臉色或說話不客氣）是這個模型裡的 A。你究竟會因人身攻擊而感受到多大的壓力（C），得取決於你對情況是如何認知（B）；換言之，取決於你的想法、經驗，以及你所認定的狀況困難度。這意味著：C 取決 B。

是以，壓力的過程就像這樣：人身攻擊→我對於這項攻擊的想法→潛在的壓力。

你所感受到的壓力究竟有多大，泰半取決於你的想法、認知和詮釋。如果你感到與對手相較你屈居下風，如果你想不出任何妥適的回

應，或者，如果你太快對言語攻擊自投羅網，壓力等級絕對會飆高。相反的，倘若能夠掌握一套反應的方法，並且能保持足夠的自信與鎮定，幾乎是不會陷入不知所措的狀態。

藉由 ABC 模型，我們可以得出在遇上困難的辯論裡如何抑制壓力等級的三種方法：

1. 改變處境，換言之，改變 A

如果有個同事攻擊你或用蠢話來煩你，你不妨試著避開他。在許多情況下，這樣的方法是可行的。例如，萬一你和某位客戶不對盤，你不妨請別的同事去試試。只不過，這種防禦性策略在某些情況下可能會行不通。例如在職場上的一些會議、談話或報告裡，碰上有難纏的同事或上級長官參與，你還是不得不勉為其難地出席。萬一無法改變處境或避開交談對象，不妨轉而去改變自己對於狀況的想法與認知。

2. 改變對壓力狀況的認知，換言之，改變 B

這裡所涉及的是你如何去改變自己對於不公平的攻擊或其他困難的溝通情況的認知。以下是幾個藉由改變認知觀點來降低壓力的適例：

- 在第 37 頁裡所闡述的防護盾，可以幫助我們免受不公平攻擊的侵襲。
- 萬一遇上喜歡批評的交談對象或令人不自在的處境，如果能將之視為試煉新防禦技巧的機會，或許你就會覺得壓力沒有那麼大。
- 如果你始終專注在（做為考慮要點的）事實內容與公平競爭規則，你就不會感受到什麼壓力。至於如何培養這樣的態度，請參閱第四章的說明。

3. 自行管理壓力，換言之，管理 C

本書大多數的建議都是針對這個，你將學會如何更妥善地應付非就事論事的攻擊與難纏的異議。為了具備適於每個情況的答辯或引導技巧，你必須擴充自己的行為「劇目」。這當中涉及到例如做為心理緩衝並能降低攻擊銳利度的橋句（Brückensatz），以及對付惡意言語攻擊的強硬

或和緩的回應方法。由於個人的說服力取決於言語及非言語的行為，因此這一點也包含了以下這個問題：該如何在肢體語言與聲音上留給別人自信滿滿的印象？

I

在壓力情況下，
成功論據的基本原則

1 練習鎮定與壓力管理

在你上市集發表議論前，請先默默、努力地尋找真相。你知道，一言既出，駟馬難追。

中國智慧

本章要講的重點：
1 以正面態度面對自己
2 以正面態度面對議題
3 以正面態度面對對手
4 心理訓練
5 接受內心的不安
6 藉由練習與實踐克服恐懼
7 附記：藉由壓力管理保持鎮定——全觀的建議

知道該如何應付言語攻擊和其他惡意詭辯的型態，只是成功處理壓力狀態的必要條件，卻不是充分條件。克服自我懷疑和自卑感，並且培養足夠的自信心與鎮定，是值得追求的基本態度。

在本章裡，你將學會如何去控制經受到的壓力等級。這些方法都經過驗證，為成功辯論及精準的辯證火力提供了良好的前提。我們可以從右圖看出增強內在鎮定的重要途徑：

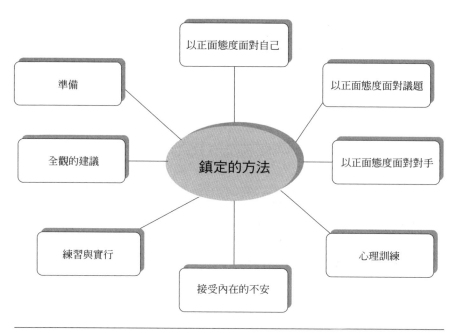

圖二：保持鎮靜的方法

當一個人可以掌握自己的處境並且能夠
- 穩定、專注且準確地表達自己的論述；
- 不卑不亢地面對批判性的質疑與反駁；
- 看穿他人在辯證與操弄上的詭計，這便代表他的行為鎮定。

　　鎮定不僅會流露於陳述與反駁的方式與狀態，也會表現在體態、手勢、表情與聲音裡。鎮定並不代表在進行重要對話或討論時一點也不緊張。相反的，適度的緊張是相當重要的感應器，能讓我們及早察覺各種警訊，進而幫助我們持盈保泰。不妨想像一下，你正在大講堂裡做報告，整個講堂突然起了騷動。由於你很憂心這場活動的成敗，因此你及時以妥適的方式干預；你可以探詢聽眾對於講述內容的理解程度，可以展開一輪短暫的討論，甚至還可以為聽眾再次說明你提出之計畫的利弊。
　　台風穩健和具有說服力論述的樞紐與關鍵並不在於機械化地應用（外在的）辯論技巧，即使這個部分的確很重要。可是更重要的是，面對

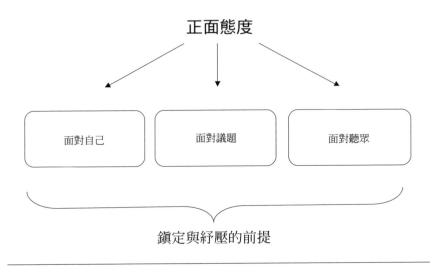

圖三：鎮定與紓壓的前提

自己、議題和對手時所採取的正面態度。這是自信、鎮定的基本態度的
關鍵。

　　以下的建議將分別針對自己、議題及聽眾三個面向分別說明。這裡
會教導你如何消除恐懼感與「內心的」負面對話，進而增強自信與鎮定。

❖ 1 以正面態度面對自己

　　在許多情況裡，恐懼與壓力源自於自己為自己撰寫的內心對白（信
念語句），它們往往會引發自我懷疑和自卑感。以下幾個例子全是些製造
心理負擔的想法，這些想法常與苛求自己有關：

- 我必須表現完美，絕不能顯露出弱點。
- 相較於對手，我覺得自己屈居下風。
- 我的所做所為全是為了博取他人認可。
- 我很怕會偏離主題或突然頭暈眼花。

● 我最好什麼也別說，否則我很可能會在一大群人的面前被打臉。
● 我很擔心那些有經驗的同事會把我的話當耳邊風。
● 我今天看起來又是一副很弱的樣子，我說話的聲調也糟透了。

　　在我的訓練課程裡總是一再證明這樣的觀點：參與者在辯論時越強烈地去對抗恐懼，就越容易產生上述或其他類似的想法。

　　當你想到日常生活中某些具體的辯證挑戰（譬如與決策委員會磋商、與客戶進行一場艱難的議價、防禦人身攻擊等），你的腦海裡會浮現何種程度的負面內心對白？

　　如果我們受制於前述那些畫地自限的信念語句，很容易就會讓自己變得卑微且自信全失。這時我們的行為舉止會陷於恐懼、不安，爭論會使我們倍感壓力。另一方面，由於恐懼與自我懷疑會顯露在行為、手勢和表情上，對手便可以透過我們的肢體語言看出，我們其實是感到自卑。

　　值得慶幸的是，負面的自我定位並非自然法則。我們還是有機會藉由學習及平衡的行為去培養正面態度與自我認知。我們可以從激勵、正面的思考模式取代負面的想法著手，這麼做有益於具體的行為。我們不妨找句格言，或是找句適合自己的、激勵的、針對行為正向推進力的話，例如：

● 積極和主動是我的靠山。
● 我很樂於在討論中改進我的辯論技巧。
● 我對自己的想法與行為負責。
● 我很棒，這點無庸置疑。
● 我還不錯，我的意見是重要的。
● 我要表現出自己最好的實力。

　　這類有益的信念語句可以幫助我們實現目標和願望。諸如「我會達成這一切」、「不入虎穴，焉得虎子」、「放棄奮鬥就等於失敗」、「積極進取」等，同樣也是屬於這類語句。相反的，畫地自限的信念語句則會阻礙目標與願望的實現。

就激發強有力、推向成功的行為而言，你最喜歡哪句格言或哪些「內心對白」？第十六章的學習心理學方面的建議，將教導你如何形塑新的觀念，並讓它們持之以恆。

實用秘訣

你不妨自行發展一套正向看法。可以先從接納自己的長處和短處著手，接著再逐步增進自己的長處並除去自己的短處。如果連你都不接納你自己，你根本就不該奢望別人會接納你！唯有對自己有信心的人，才能夠贏得別人的信任。

當你登上了你的「舞台」，請時時刻刻提醒自己，你有什麼特長、你最自豪的是什麼、你能相信些什麼。這些可能涉及到各式各樣不同的因素，例如：

- 你的職業、事業及專業能力。
- 腦力激盪的能力。
- 明白解釋複雜整體關係的能力。
- 學歷。
- 你憑藉熟練技巧所掌握的計畫與任務。
- 你的溝通能力，例如移情能力、傾聽能力、與他人接觸的能力。
- 你的穩健台風、演說能力、聲音。
- 迅速掌握重點的能力。
- 你的相貌與身體狀況。
- 你的家庭與朋友圈。
- 老闆與其他長官的正面建議。
- 你的私人住宅、財務狀況與其他物質方面因素。

請你避免只是關注最低標準或某些可能會失敗的事。事實上，這世上存在著某種「自我實現的預言」。那些腦袋裡總想著事情可能會搞砸的人，往往就會招致失敗。是以在此建議你，要相信事情會成功，而且還要藉助內心的正向表態去強化成功的信念。

如果你越能自我接納，你在溝通中就越不會感到恐懼。在這當中，熟悉自己的聲音和肢體語言也很重要。在我的訓練課程裡經常可以見證恐懼與自我否定往往是互為因果。當某位學員越相信自己的談話方式與辯論技巧有許多不足與缺陷，他就會越害怕發言。因此，建議你不妨時常利用錄音或錄影自我訓練，透過這樣的方式，你便可逐步熟悉自己的談話風格、手勢及表情。這並不意味你必須完全放棄自我批判。我只是想指出：為自己的長處感到欣慰，同時也可擬定改進態度的學習目標（參閱第十六章），這點相當重要。

所有能增強在溝通中鎮定與自信的相關建議，可以總結為以下這個關鍵句：

> 多把注意力擺在事實辯論的品質和對手身上，少把注意力擺在自己的個性所造成的影響上。

❖ 2 以正面態度面對議題

類似於面對自己的內心對白，在你面對辯論主題所採取的態度上，同樣也存在著會阻礙自信並製造恐懼的想法，例如：

- 我對這項議題完全無能為力。
- 我沒有足夠的時間預做準備。
- 我的論述有夠愚蠢。
- 經驗豐富的經理只想找出我的弱點和缺失。
- 我不想因為我的一知半解而出糗。

首先，我們可以藉助妥善準備（參閱下一章）來化解大部分的憂慮。基本上，當我們在發言與應答，或是在處理異議、批評與不公平的攻擊時，結構化的預先思考可以為我們帶來更多安全感。萬一資訊的覆蓋面過於薄弱，若能額外掌握一連串祕訣和技巧，便可游刃有餘地應付

突如其來的問題或即席演講。

　　在辯論時，你應該讓對手感覺到，你不僅對於議題相當熟稔，對於自己的想法和解答也十分有把握。如果連你都不支持自己的想法和論點，又怎能奢望交談對象接受你的論述？因此，從事說服工作的人應當隨時隨地檢驗一下，對於自己的企業、責任範圍、工作成果抱有多大的正面態度。在與客戶接觸時，如果能夠讓對方感受到我們有很好的理由對自己的產品與服務感到自豪，這可大舉提高說服工作的成功機率。

　　請別忘了，好好利用你的經驗、實例、研究或相關計畫去豐富你的論證。換言之，多將你自己放進論證裡。如果不依靠二手的資訊進行辯論，也就是說，不藉助與你個人不太有關的資料、數據和事實，你會具有較強的自信心與說服力。如果你能引入第一手的經驗，換言之，引入你個人的想法和評價，將會留給聽眾最深刻的印象。

實用範例

　　在我的訓練課程裡，我經常會見到經驗豐富的經理、工程師或其他專業領域裡的專家，當他們在職場上進行說服工作時，往往非常喜歡採取抽象、理論的論述方式。如此一來，他們闡述的內容就會在缺乏熱情甚或冷冰冰的狀態下被報告出來。學員在事後從錄影中見到自己的表現時，往往都悵然若失。

　　然而，當他們談論自己感興趣的主題時，同樣的學員的個人表現往往會判若兩人！主題可以是個人的一種嗜好、一場旅行、一項偏好、一種幻想、一項新科技或其他諸如此類的事物。見到他們的手勢、表情與個性是如何顯露、聲音是如何展現活力與轉變，真的非常有趣，而且讓人獲益匪淺。特別是那些著重技術甚至實事求是的人，他們見到自己在介紹自己感興趣的主題時所表現出的肢體語言和聲音後，往往能學到很多。若將這些練習應用在日常生活，對象是你的伴侶、朋友或熟人，成效更會令你意外。

◆ 3 以正面態度面對對手

　　請利用台風和演說表現讓對手明白，你們雙方是平起平坐的。基本上，合作、尊重的相互關係會是正面的。當我在（一）「心智上」貶抑自己、抬高聽眾，這會與我去（二）抬高自己、貶抑聽眾同樣不利。相應的「內心對白」會在第一種情況裡引發自卑感，在第二種情況裡引發優越感，例如：

在情況一裡
- 有一大群豺狼虎豹在等著我。
- 我的對手只有一個目標，那就是「給我難看」。
- 我的聽眾在專業方面比我厲害多了。
- 我的聽眾只是不懷好意地在等著找出我的要害。
- 我的命運掌握在聽眾手上。

在情況二裡
- 我的聽眾根本搞不清楚狀況。
- 又是一群文盲坐在我面前。
- 這些聽眾的教育水準遠遠不及我。
- 我很懷疑，這些聽眾是否真能聽懂我的報告。

　　在情況一裡，我們會感到自卑，後果便是我們把聽眾視為威脅。我們很可能會在討論中失去勇氣，從而落入某種附和、被動的角色。

　　在情況二裡，我們很可能會顯得優越與高高在上，後果便是我們失去了同理心，聽眾會感到自卑並將自己封閉起來。可以想見，如果我們想要贏得他人的支持，這絕對不是什麼有利的情況。

　　如果能以正面態度去料想對手，同時留心那些潛藏的「奧步」，你便具備了進行說服工作及不怕怯場的最佳基本功。秉持「哈佛理念」[6]（參

---

6 《哈佛這樣教談判力：增強優勢，談出利多人和的好結果》（*Getting to Yes: Negotiating Agreement Without Giving In*）一書所傳達的理念。──原注

閱第十二章）的中心思想，能讓你的對手感覺到你強大且有自信，而非
虛弱不穩定：

> **哈佛理念的中心思想**
> 兼顧合作的態度與事情的結果。

❖ 4 心理訓練

在壓力特別大的情況下，心理訓練十分有助於懷著自信且渴望成功
地上台。以下這些方法經證明成效卓著：

模擬壓力情境

在內心將上台時會遇到的特別關鍵事情從頭到尾想（模擬）一遍。
例如在開會之前，你不妨（閉上雙眼）在心中設想一下：

- 什麼是你的核心信息與說明例證（什麼是你「汪洋中的島嶼」）？
- 該如何（以言語或非言語的方式）具有說服力地表述給你的對手？
- 你該如何應付就事論事的異議？
- 你該如何應付人身攻擊或其他不公平的小動作？

經驗顯示，如果我們盡可能經常模擬預期會遇上的行為，你會更
容易有志竟成。當你在放鬆階段（例如聆聽有鎮定效果的音樂、自體訓
練、在森林中散步等）之後做內心觀想，效果會更顯著。多年來，在腦
海裡預行演練已成功應用在某些高效能運動項目，例如高山滑雪、無舵
雪橇或田徑賽裡的跳高。許多頂尖選手證實，藉助心理訓練，可以迅速
學會複雜的動作流程，並且將它們做到盡善盡美。

想像一個演說腳本

藉助想像力自行擬定一套最具有說服力的演說腳本。舉個例：當我

得在客戶面前做簡報，或者當我必須與一個難纏的對象交涉，我想以怎樣的方式在一群人面前上場，或我想以怎樣的方式「過關」。你可以透過你的「大腦劇場」想像一下，你要怎麼樣具有說服力地展現台風與發表談話。藉由這樣的方式，你不僅會感覺到上台演說對你來說愉快又有趣，更可進而帶著鬥志與熱情去表達你想說的內容。請緊緊照著自己的演說腳本來做，不妨將它分成幾個學習步驟，逐步去實現。

重溫自己的成功體驗

這招的目的在於達到「個人最佳狀態」。這樣的狀態能完全表現在充滿能量、渴望成功、強而有力與自信滿滿之中，也可以詮釋成能量的自由流動，因此也被稱為「心流」[7]。你必須閉上眼睛去追憶你曾經特別成功的具體經驗，例如深受好評的對話、交涉、報告、會議，甚或廣電訪談。請你生動、鮮明地回想一下，你在那些情況裡有什麼樣的感覺，肢體語言和聲音方面又有什麼樣的表現？

這項技巧在假設：與其讓負面或失敗的想法控制你，如果能稍微意識一下自己的成功體驗，在即將到來的辯論中，你將會展現出更多的自信與魅力。

借防護盾阻擋壓力

太快對爆炸性話題或情緒性攻擊自投羅網，往往會在戰術上居於劣勢。此時我們不僅容易情緒化，更會失衡，無法掌控情況。職場上與日常生活裡的各種爭吵一再證明，一件芝麻綠豆大的小事，例如諷刺的評論、格言論證或刺激性話題等，便足以讓人吵翻天。

力求鎮定與穩健的人應尋求方法，不讓周遭不公平的攻擊接近自己。建立起（心智的）防護盾，在一定的空間範圍內保護自己，會相當有助益。躲在「個人的安全氣囊」[8]後方，我們可以獲得良好的保護，較不容易受到他人的意見和攻擊影響。如此一來，我們會有一個個人空

---

7 請參閱契克森米哈賴《快樂，從心開始》（Mihaly Csikszentmihalyi, *Flow: The Psychology of Optimal Experience*）。

8 Barbara Berckhan: *Judo mit Worten. Wie Sie gelassen Kontras geben*. München 2010.

間，在那裡面的行動會更鎮定、和善、安心。

　　防護盾就像心理緩衝器，幫助我們在深思熟慮後回應。我們可以用這樣的座右銘保護自己：我不會讓攻擊者破壞我的神經系統並挑發我去做出思慮不周的事；我不會允許不就事論事的傢伙掠奪我的精力或搞壞我的心情。

　　更多相關細節請參閱第四章。

❖ 5 接受內心的不安

　　為了激發必要的能量和投入動機，有點怯場其實是好的。關於這一點，頂尖的運動選手、即將登台首演的演員、直播節目的主持人、即將參與重要辯論的演說家，或許都心有戚戚焉。唯有當內心「加了油」或「充了電」，才有相應的動能和抵抗力去應付辯論的挑戰。

　　請不要抗拒內心的緊張和怯場。心悸或手心冒汗等身體反應只是要告訴你，你全身的組織正在通力合作，已經準備好必要的能量。不妨用正面方式解讀這樣的緊張反應，並為此感到高興。

> 美國的脫口秀主持人迪克・卡維特（Dick Cavett）坦承，每次上電視之前他都會緊張，只不過有時多，有時少。因此他建議：別把怯場看得那麼糟！流露在外的緊張情緒其實比你自己想像的要少得多。「你要明白，你自己的感覺觀眾只能看見八分之一。當你的內心有點緊張，別人根本看不出來。當你的內心非常緊張，外表只會顯得有點緊張。當你的內心整個失控，你看起來或許只是有點憂慮。顯露於外在的會遠少於你自己感受到的。每位在脫口秀亮相的人都該謹記：自己的行為舉止與外貌會明顯優於自己感受到的……也許神經給你施加了成千上萬的電擊，可是觀眾們見到的不過只是些微抽搐而已。」

❖ 6 藉由練習與實踐克服恐懼

老祖先的智慧告訴我們:「每項技藝都需要練習!」這個道理不僅適用於滑雪的技藝、舞蹈的技藝、戲劇的技藝,也適用於演說的技藝和辯論的技藝。日常生活中的每個時機都是最好的練習機會。如果掌握了應付壓力的 Know-How,你在壓力裡就更遊刃有餘。不妨廣泛編列出各種辯證行為消除大部分的恐懼感。因為你知道,你已準備好去應付關鍵問題、專業性的異議,甚或公開與潛藏的不公平手段。根據我在訓練課程與教練方面的經驗,使用本書所提供的建議,能讓你更妥善地處理所有與辯論有關的壓力。只不過有個前提,你必須透過練習或訓練去取得應用相關辯論技巧的能力。

經驗顯示,那些為求完美而給自己過度壓力的人,以及擔心口誤或「奧步」的人,要應用這些建議特別困難。下列秘訣可以幫助讀者消除恐懼:

摒棄完美主義

如果你對自己的辯論能力要求很高,往往會在許多時候導致你的心智受阻。請牢記,職場上和你交談的對象也只是人,他們在談話時同樣也會犯些小錯。前提是你對於涉及的主題有話要說,而且你也力挺自己的論點。所有過於順利及順水行舟的事容易遭到否定並且會降低你的同理心。萬一你偏離了主題或遇上其他困難,微笑和幽默是最好的生存策略。口誤是無足輕重的「人性表現」,每個人都會發生。重要的是你力挺自己說的話,你清楚明白地表達,你顯得落落大方又很在行。

此外,你可以藉助準備或練習去降低尷尬停頓發生的機率。就鎮定這個學習目標而言,將焦點擺在內容的辯論上相當重要。因此當出現口誤或尷尬停頓時,請勿逗留在「自我批判」過久,請儘管繼續陳述下去。以下幾項建議會對你有助益:

- 再次拾起上一個思緒。
- 概略總結你迄今陳述過的要點。

- 向你的交談對象提出問題。
- 進入下一個論點。你不妨表示，你會在之後的討論中再回頭闡述這些想法。
- 利用一些短語，例如「且讓我換句話說……」、「說得更明白一點……」、「換言之……」。

視攻擊者為「教練」

這項技巧是以改變自己的認知觀點為前提。遇到言語攻擊時，不妨將攻擊重新詮釋（重構）成訓練機會，藉此化解自己感受到的壓力。對此有句犀利的格言：最嚴厲的批評者與論爭者就是我最好的教練，因為他們提供我免費的機會，讓我可以練習如何防禦非就事論事的異議及惡意攻擊。

截至目前為止提到的各種實用秘訣，可以幫助你在溝通困難的情況裡保持鎮定。接下來的附帶說明將給你一些重要的建議，可以幫助你培養出習以為常的鎮定態度，讓你在所有生活領域裡都能更妥善地應付壓力。

❖ 7 附記：藉由壓力管理保持鎮定——全觀的建議

每個人的能力都有限，請學習著有意義地善待自己。努力工作的人應該捍衛自己的自由空間，並且讓自己適當地休息。每個人都需要放鬆與復原，才能在遇到困難時保持鎮定，行舉從容不迫。請打造出一個接收微弱壓力訊號的強效天線，用來感應身體傳送給你的訊號。幾乎每個身體和心理的抽搐與生病都代表著某種意義。請擬定一個屬於你個人的計畫，用來降低日常生活的壓力，重建內心的平衡。不妨參考以下規則與實用秘訣，從中尋找靈感和啟發[9]：

---

9 Klaus Linneweh: *Balance statt Burn-out: Der erfolgreiche Umgang mit Stress und Belastungssituationen*. München 2010.

◉ 有意識地放鬆自己

不妨排定每天放鬆一下的時間。短暫的休息和午餐時間與周休和度假，都有益於「遠離問題」。你可以找找看，在閒暇時做些什麼會讓你得到樂趣，無論是主動或是被動的，像是運動、園藝、洗三溫暖、與好友聚會、看書、聽音樂等，都是不錯的活動。也可以藉助自體訓練、漸進式肌肉放鬆、冥想或瑜珈等放鬆技巧練習鎮定，這些應該要在可以規律監督你的專業諮詢者陪同下練習。我將在本章的最後說明冥想練習的基本概念。

◉ 規律地運動

運動可以去除身體的壓力。不妨選擇一種符合身體狀況，並能讓你樂在其中的運動，例如跑步、健走、游泳或騎自行車。重點是規律地運動。運動醫學專家建議，每天至少運動三十分鐘，並且盡可能在固定的時間運動，這樣便可養成良好的運動習慣。

◉ 有效率地規劃工作

以主動取代被動！將自己的時間管理與自我管理調整至最佳狀態，工作量與工作進度應該均衡協調卻不失挑戰性。經常會感到時間壓力的人應該要有遠見地事先計畫，少受託處理重要事務，預留緩衝時間，注意職場規則。

◉ 規劃休息與退避的空間

失去了工作、人或自我的必要距離，有時也會引起壓力。自我定位是克服壓力的前提。你不妨每周一次，完全拋開來自各方的要求。否則不同的角色期待很容易阻礙自我定位的建立。

◉ 以合作、實事求是的態度溝通

在對話和討論中一貫保持尊重與實事求是的態度，對我們自己的神經系統會很有幫助。其中包括遂行公平原則、尊重他人的立場與論點、多去傾聽、在維持對話的前提下妥善處理不公平的攻擊等等。本書的相

關建議將幫助你做到。

◉ 及早開誠布公地反饋

　　若是工作超出了負荷，及早與老闆開誠布公地談，往往會很有助益。老闆通常根本不曉得你的負荷界限在哪裡，你又是如何看待自己的工作量、合格等級，與他的領導行為。透過開誠布公的反饋（參閱第十六章），你還能附帶表現責任感。因為你不會去承擔你無法確實細心處理的工作。

◉ 藉助愉悅和成功體驗降低壓力

　　學會開心起來！設法獲取快樂的體驗。許多人都已忘了如何感受快樂，如何去享受日常生活事物或職場上的成功。每個日子裡都存在著許多可以讓我們開心的好事。快樂的體驗可以提高壓力的容忍力。因此，請你至少每天都試著感受一次快樂。

　　應付壓力狀況的補充建議：
- 與你信任的人聊你的恐懼和壓力。
- 善用各種機會，從負面經驗裡獲取一些正面成果。例如，你可以將嚴重的爭吵看成某種學習。
- 盡量避開喜歡找碴、負面思考而且總是心懷不平的人。
- 當負荷能力瀕臨極限，請學著說不。
- 為自己擬定切合實際的目標與要求。如果你長期接受苛求，壓力反應便會成為常態。
- 創造一個有裨益、在情緒上令人滿意的工作環境。
- 避免過度虛榮以及那些超出能力且不切實際的目標。

　　最後，我要概略說明冥想練習的基本概念。這種練習的目的在於遠離日常生活中（由壓力引起的）惱人想法，進而回歸自己。

1. 盡可能在每天固定的時段裡找一個「安靜的地方」，接著保持規定的姿態（就「禪」而言，端坐在椅子上便已足夠）。

2. 身體保持完全靜止，在整個練習的時間裡（例如十分鐘）將注意力全部擺在某個專注的對象上。專注的對象可以是自己的呼吸韻律、一個聲響（曼怛羅的讀音近似於 om）、一塊想像出的白色平面，或是外界某個具體事物（例如一朵玫瑰）。

3. 當你將注意力放在自己的呼吸並只逗留在呼吸上時，便不會去注意到突發的念頭、影像和幻想。你彷彿是位旁觀者，讓這一切「如浮雲般掠過」。

4. 藉由規律的練習，冥想者便能體會到，自己可以將引發壓力的各種念頭拋諸腦後。

　　對於降低壓力，除了前述這些特殊且關鍵的出發點，針對目標做好妥善準備也十分有助益，它能幫助我們更妥善地面對困難情況，或是擬定適合用在客戶身上的辯論策略。其中的細節，我將在下一章詳細說明。

2 以目標導向做準備工作 —— 預防壓力的必要步驟

本章幫助你實際解決下列問題：

1 如何設定辯論目標？

2 如何分析對手和情況？

3 如何使用「ETHOS」做系譜分析？

4 如何收集論據？

5 如何強化及最佳化論據？

6 如何最妥適地應對異議？

7 如何計畫自己在辯論中的具體程序？

光是具備辯證能力與說服技巧並不足以取信於人，還需要針對議題負責任地做好準備。如果你事先謹慎思慮，不僅可以輕鬆地說明自己判斷的理由，更能迅速地歸類反對論點與異議，進而有效地回擊。對於事實的把握可以額外創造出更多機敏應答的空間，以及更多克服困境的自信心。

小提示

為省去分別描述各種說服情況的準備工作，我將整體說明說服情況的準備工作。第十至第十四章將只描述個別應用情況（例如對話、會議

等）的特點，以避免重複論述。

接下來要給予的方向指導會非常詳盡，能幫助你了解如何有效地準備議題。在這當中，辯論的理性面向，亦即事實層面，相當重要。

準備工作涉及到找出一套針對應用情況量身訂作的說服策略。事實證明，一套多階段的程序是可行的。茲將其概要略述如下：

準備的各項階段

1. 確定目標
2. 分析對手和情況
3. 系譜分析
4. 收集論據
5. 強化及最佳化論據
6. 收集異議——仔細考慮回應方式
7. 具體規劃進行方式

❖ 1 確定目標

在這個階段裡要確定，什麼是你想在溝通場合裡達到的。最好把事實目標與關係目標區分開來。

事實目標的例子：

- 塑造問題意識
- 表達核心論點
- 獲得認可
- 獲知對方的意見
- 處理事實面向的異議
- 取得妥協
- 獲致決議

在所有的說服情況裡都存在著大量的不確定因素，因此建議你，最

好提高自己在辯論中的靈活性。要達成這一點，你不妨藉助以下這些範例：

- 設定一個最低目標（我至少要達到什麼？）與一個最高目標（我最多想達到什麼？）。
- 事先規劃好部分的讓步。對此，哈佛理念的格言「遠離百分百的立場，走向靈活的利害關係」是很有用的基本原則。
- 考慮到困難的對話情況，不妨也預先擬訂一些合宜的辯論策略。

　　除了實務上的目標以外，最重要的問題莫過於，要如何利用上台、溝通行為和詮釋讓你的論點、產品或企業加分？在這樣的脈絡裡，「關係管理」扮演著重要的角色。在衝突性的壓力狀況裡，一方面要阻止不公平的攻擊，二方面還要維持整個氛圍，讓對話得以進行下去。

　　關係目標的例子：
- 增加自己的同理心
- 建立可靠性和信任
- 展現對話的能力
- 與關鍵人物培養關係
- 提升自己所屬企業的形象

❖ 2 分析對手和情況

　　如果想要透過辯論說服人，就必須將全盤策略瞄準對手的「世界」。這點涉及到「把對手從所在地點帶過來」，例如從他的期待與願望、專業領域，或是從他的立場、利益和決策標準裡出發。論述光是符合你自己的標準是不夠的，更重要的是在對手眼裡，你的論述是否具有說服力。

　　對話或談判裡可能會遭遇難纏的對手，下列問題能幫助你輕鬆地預做準備。這個問題集裡的部分問題也可應用在其他的溝通情況。

小提示

　　要為具體的溝通情況預做準備時，請利用第十至第十四章所傳授的專用秘訣。

分析難纏對手的問題集

　　1）我的對手是誰？

◉ 他的職位是什麼，層級是什麼？

◉ 他負責什麼部門？

◉ 他具有什麼能力和職責？

◉ 他與上級長官、關鍵人物及非正式的領導者關係如何？

◉ 在他的領域／所屬企業裡，他具有什麼樣的地位？

◉ 對於他的私生活，你有什麼樣的認識？

　　─朋友、熟人、家庭背景？

　　─興趣、嗜好、偏好？

　　2）我的對手處於什麼狀況？

◉ 我的對手可能會有什麼樣的目標、利害關係和期望？

◉ 我熟悉對方哪些方面的事：

　　─他的立場和相關的利害關係？

　　─他在他的領域裡所遭遇到的問題和困難？

　　─他的判斷標準？

　　─可能的妥協底線？

◉ 他對於對話或談判（可能）有什麼期待？

◉ 我能利用哪些與他共同的利益？

◉ 如果你提出了解決方案：

　　─你的解決方案有利於他的領域到何種程度？

　　─你的解決方案會招致異議或反對到何種程度？

　　3）我的對手具有什麼樣的態度與辯論特質？

◉ 他對議題可能採取什麼態度？

◉ 我必須考慮到哪些異議與批評？

　　一事實方面的異議、關鍵性的問題？

　　一非就事論事的手段？

◉ 我對於他的演說與辯論技巧認識多少？

◉ 他有多大可能會採取不公平的手段或心理戰術？

◉ 他如何應對壓力狀況？這方面我知道些什麼？

4）我的交談對象對我採取什麼態度？

◉ 我可能會在對手身上挑起什麼情緒？

◉ 對手會如何看待我？

　　一平起平坐？

　　一低人一等？

　　一高人一等？

◉ 迄今為止的會面過程是如何？

◉ 對手對我有哪些先入為主之見？

　　一年齡？

　　一專業知識？

　　一個性？

　　一過去的某些歧見？

◉ 他會如何在言語或非言語的行為裡表現出來？

◉ 我能利用哪些工作上與私下的接觸來做準備工作？

　　如果你沒有機會蒐集對手的詳細資訊，特別是與他的辯論行為有關的資訊，你就必須自行利用溝通情況分析。對於可能的情況，請做好心理準備，至少要將每個交談對象都會有的一般性期待納入說服工作的考量中。

對方會有哪些一般性期待？

　　每個交談對象除了有特別的（更確切地說，合理的）期待以外，還會有一般性的願望和期待。現今的溝通專家告訴我們，有百分之八十的

決定是基於情緒性的理由。所以，這涉及你在多大程度上將對手的情感需求納入考量，你又在多大程度上積極建構彼此的關係：

- 你的對手想感受到認可與尊重。
- 你的對手想在爭辯中保持顏面。
- 你的對手期待，必須傳達的訊息能夠明白、易懂地被表達出來。
- 你的對手期待，在你說服的過程中，他可以藉由疑問、反駁或其他貢獻來參與。
- 你的對手期待，你能留心時間或其他雙方都同意的基本前提。
- 你的對手期待，你能力挺自己的產品、部門或企業。

❖ 3 系譜分析

為了不遺漏任何重要觀點，在做真正的資料收集前，應該根據事實範疇（面向）對所要討論的議題加以分類，例如根據經濟的、科技的、法律的或其他的標準。「ETHOS」是對大規模系譜分析很有幫助的工具，能幫助你完成上述準備工作。ETHOS 的五種面向說明，原則上每個主題都可以從五種不同角度觀察。這項工具可以幫助你輕鬆做到：

- 讓討論議題的各個基本面向一目了然；
- 收集並組織相關資訊（事實、資料、論點、明顯的例證、特色等）；
- 篩選出出自對手觀點的相關內容。

系譜分析

E = Economic（經濟面向）

T = Technical（科技面向）

H = Human（人的面向）

O = Organizational（組織面向）

S = Social（環境面向）

說明：

經濟面向：代表商人的觀點。這裡除了涉及營業額、成本、獲利、邊際效益、經濟效益等評價標準，還涉及到諸如商機、營運策略、行銷、誘因和領導等「軟」主題。

科技面向：代表工程師與技術人員的觀點。如果透過這群人的眼來觀察，工程科學的判斷標準會變得最重要。其中還包含了技術上的可行性、科技水準、工藝技術或電子科技等問題。

人的面向：代表人的觀點。主要包含了消費者、相關工作者，或是利益相關者的觀點。

組織面向：代表主題的組織面向。問題包含了：實現解決方案的步驟？該如何處理可能遭遇的困難？

環境面向：代表主題的環境面向以及所涉及到的產品環保標準。這當中還包含了政治、法律與其他方面的基本條件。

❖ 4 收集論據

在尋找論據（＝證據）時，不妨借「ETHOS」來取得靈感。重要的是你的論據不僅要讓對手覺得可靠，還要有較高的接受度。

不妨從下列各方面找出你的證據：

1）實際營運
- 產品的賣點
- 經驗、核心能力與參照對象
- 內部的研究結果
- 營運／技術／環保方面的需求

2）學術與專業權威
- 事實、研究、統計
- 專家／科學家的陳述
- 專業研討會裡發表的新知

3）報刊、出版品、電視節目
- 專業期刊、報紙
- 專業文獻
- 電視報導

4）規範與社會趨勢
- 法律、倫理或道德等規範
- 商展／進修等方面的趨勢
- 價值觀與需求的改變
- 商場上可見的趨勢

對說服工作來說，「有益的論據」往往能發揮很大的效果。下列問題可以幫助你輕鬆收集到這方面的論據：
- 我建議的解決方案對於對手的願望與問題有何益處？
- 我建議的解決方案有什麼額外的益處？
- 我的建議是否具有獨特賣點（Unique Selling Proposition；簡稱 USP）？換言之，相較於其他競爭方案，我的獨特性且無可取代的特點在哪？（你也可以將獨特賣點的想法套用在自己的能力與人格特質上：你有什麼地方比別人好？在說服能力方面有何特長？）
- 如何利用淺顯易懂的例證、成功典範、與市場接受度有關的統計數據等證據鞏固你的有益論據？

❖ 5 強化及最佳化論據

收集好相關內容後，接下來就必須考慮，哪些資訊可能會對交談對象發揮最大的說服力？此外，將內容的質與量降低到對手可以在有限時間內完全消化的程度，此舉非常必要。你至少應該淘汰那些（可能）會超出交談對象能力所及的內容。

藉助 ABC 分析法，可讓你輕鬆確定正確的優先順序。請在小卡片上

以 A、B、C 字母來標記，每個字母分別代表著：

⊛ **A ＝必要的內容**：代表核心資訊，無論如何都必須表達。包含了有益論據、參照對象，或是可以有效說服對手的技術特點。以下兩個檢查提問可以幫助你找出核心資訊：

　1. 我如何在一分鐘之內總結論述內容的要點？

　2. 哪幾個論據應該要讓客戶記得很牢？

⊛ **B ＝應要的內容**：指應該傳遞的邊際資訊，可以讓關鍵論據以更有激勵性、更明白易懂、更印象深刻、更具說服力地表達出來。你不妨利用實例、對照和案例、一再複述，或使用媒體輔助。

⊛ **C ＝可要的內容**：背景資訊（「能知道這些也不錯」）屬於這類內容。如果還有時間的話，不妨陳述一下這些內容。這些詳細資訊像是跟企業歷史及服務項目有關、與某項計畫的歷史背景有關、經商出身的聽眾不易理解的技術細節、增加戲劇性張力的刺激與誘因、格言、趣聞、

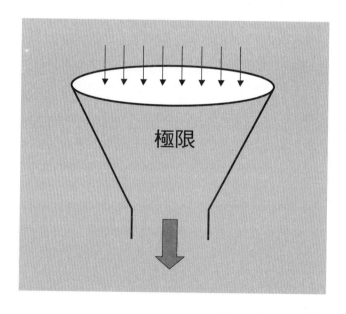

圖四：為資訊設限

個人經驗等等，都是屬於這類內容。將資訊分成核心、邊際、背景三類，不僅可以幫助你在時間壓力下輕鬆做好準備工作，還可以讓你在進行說服工作時更加靈活，因為你在每個時刻都很清楚，哪些資訊必須要表達。

補充兩個實用祕訣

1. 以明白易懂的例證「錨定」論據

　　相較於抽象的文字，圖像更能深入記憶。形象鮮明、活潑生動的敘述會比死板板的文字更容易為人接受。因此，請你尋求形象鮮明、活潑生動的敘述、例證與對照，藉此讓你的論據能持久固定在客戶的腦海裡。心理學稱這樣的關係為「錨定效應」。必須注意的是，請你務必從對方的體驗及經驗世界裡取用合適的圖像與例證。

2. 牢記核心論據

　　無論你是在什麼情況下進行說服工作，建議你，在腦海裡保有三至五個重要論點（連同相關例證）。萬一你陷入壓力，不妨將注意力放在這些核心信息上，它們就是你「汪洋中的島嶼」。

❖ 6 收集異議——仔細考慮回應方式

　　當我們對異議或關鍵性問題有所準備，處理起來便會容易許多。首先請你將可能的反對論點與異議，甚或想得到的不公平攻擊收集起來。接下來請考慮一下，你可以用什麼樣的論據和策略來對抗。以下的簡單格式可以幫助你輕鬆地為自己的思緒建立結構：

回應可能異議的準備方案

異議	回應
1.　就事論事的異議	1.　回應就事論事的異議
＿＿＿＿＿＿＿＿＿＿＿＿	＿＿＿＿＿＿＿＿＿＿＿＿
＿＿＿＿＿＿＿＿＿＿＿＿	＿＿＿＿＿＿＿＿＿＿＿＿
2.　非就事論事的異議	2.　回應非就事論事的異議
＿＿＿＿＿＿＿＿＿＿＿＿	＿＿＿＿＿＿＿＿＿＿＿＿
＿＿＿＿＿＿＿＿＿＿＿＿	＿＿＿＿＿＿＿＿＿＿＿＿
＿＿＿＿＿＿＿＿＿＿＿＿	＿＿＿＿＿＿＿＿＿＿＿＿

❖ 7 具體規劃進行方式

　　最後這個步驟是要基於所有論據擬訂出一套策略：就最初設定的目標與實際情況而言，什麼樣的進行方式能確保獲得最大的成果？在第十至第十四章裡，你將學會可以如何進行。

3 自信的表現——散發個人的威信

本章將給你有關下列主題的建議：
1 穩健與不穩健的信號（概觀）
2 穩健的台風
3 用協調的肢體語言進行說服
4 用有效的談話進行說服
5 與交談對象保持互動

　　辯論也是一種彰顯自己個性的方式。無論你是在參與討論或是在進行對話，請你總是「品嚐」一下自己的個性。個性一詞源自於拉丁文的personare，有「上色」之意。在談話時，你不僅傳達了內容，還傳送了你對自己和對他人採取的態度有關的信息。你的上台方式、肢體語言及聲音會讓你的對手或潛在攻擊者曉得，你究竟是自覺渺小、卑微，抑或是自覺平等、強大。

　　心理學相關研究證實我們的日常生活經驗：相較於陳述的內容，情緒能力（會表現在台風、肢體語言和修辭裡）更能讓我們對交談對象產生說服力。越能散發出個人的自信與權威，就越能昭示對手，我們不僅是平起平坐地溝通，縱使遇上異議、批評或不公平的攻擊，也能維持這樣的均衡態勢。

　　以下的建議將幫助你免於傳遞出任何自卑與弱者的信號，讓對手對你留下自信且強大的印象。

　　請謹記，你的對手會覺察你的整體行為進而推斷，他是否可以利用

威勢或攻擊輕易摺倒你；或者他必須顧慮，如果他發動了攻擊，你會自信、強硬地回應。這些整體行為包括：

- 你的台風和外貌；
- 你在修辭和肢體語言方面的表現（如何）；
- 你的論述（什麼）的品質；
- 你對質問、批評及人身攻擊的反應；
- 違反規則時（例如對方不讓你把話講完，或是讓你陷於時間的壓力）你的言行舉止。

❖ 1 穩健與不穩健的信號（概觀）

自信上台的內在條件已在第一章做了說明。藉由對自己、議題及對手採取正面態度，你便可打下在上台時保持自信、穩健的良好基礎。以下的內容涉及到與外在言行舉止有關的建議及秘訣。

下表是穩健信號與不穩健信號的一覽表。如果潛在攻擊者從你身上感知到不穩健信號，他便會視為軟弱與自卑的跡證，因此更容易因感覺受到激勵而發動非就事論事的攻擊或支配儀式。

穩健信號 （強大的信號）	不穩健信號 （弱小的信號）
・整體狀態良好：直挺的體態、適切的緊張、深呼吸	・整體狀態惡劣：散漫且歪曲的體態、過度緊張、呼吸急促
・將重心置於雙腿自信地站立；昂首；雙肩不緊繃	・身體搖搖晃晃；頭偏向一邊或向下垂；雙肩高聳
・立於舞台中央	・立於舞台邊緣
・站立或坐下時占據許多空間	・站立或坐下時占據少許空間
・運用大量合宜的手勢；雙手張開	・鮮少有手勢；雙手緊貼在身體上或隱藏起來
・眼神坦率、平靜且堅定	・眼神閃爍、飄忽不定
・態度鎮靜且專注	・有躁動的傾向
・表情和藹可親	・惱怒、抽搐、不安的表情，或是為了安撫攻擊者而不停地陪笑

·談吐清晰；說話速度不疾不徐；說話有條不紊；說話時會有意識地稍事停頓	·說話聲音過小甚或含糊不清；說話速度過快；說話時不會稍事停頓；語塞時會嗯嗯啊啊；單調
·以正面、有益形象的方式進行辯論	·以負面、有損形象的方式進行辯論
·語句簡短且有條理	·語句冗長且無條理
·以生動的例證傳達清楚、鮮明的信息	·抽象且難以理解的信息
·散發強烈的企圖心、熱情與活力	·沒什麼企圖心與熱情
·接近聽眾	·與聽眾保持距離
·自信地與聽眾攀談，並和聽眾打成一片	·與聽眾幾乎沒有互動

實用秘訣

當你在詮釋肢體語言的信號時，始終要留心整個脈絡，換言之，要留心與對手的個性及言語行為有關的各種資訊。基本上，每個外在的表情或手勢都可能具有多種意涵。僅憑某個手勢便妄下斷語未免過於冒險。我們還是認為，上述一覽表裡的穩健信號能提高你的說服力，也會因為不穩健信號而降低說服力。

一覽表的右半部主要是與個性及肢體語言有關的不穩健信號。此外，語言上有許多慣用語或短語也會降低說服力，甚至於還會給予對手發動攻擊的施力點。這些「軟化劑」好比網球賽裡的「非受迫性失誤」——網球選手在沒有任何壓力下，

自己將球打到網上或界外。以下是最常見的慣用語和「非困境性失誤」的一覽表：

降低說服力的「軟化劑」

● 一般化的說法，例如：總是、完全確定、絕無、所有的、一勞永逸

● 空泛的形容詞或形容詞的最高級，例如：超級、超讚、極、爽

● 弱化的用語，例如：基本上、也許、有點、好像、可能、似乎、不知為何

● 前置的「軟化劑」，例如：所以說，如果你問我……、所以，坦白講……、我想說的是……、我並不想說假話，可是……、一般說來，我可能會說……

- 在辯論之初先致歉，例如：我並不十分清楚，是否……、也許實情是……、我不太確定……
- 在辯論結尾提出不必要的問題：……還是說這個日期不方便？……還是說這樣你不方便？……還是說你認為我沒有機會？……難道你不是這麼認為嗎？
- 削弱能力的句子
  ─對此，我請教過專家。
  ─也許這會是可能的。
  ─我想建議一下。
  ─我會說，這樣下去不行。
  ─我們已經嘗試過擬訂一個解決方案。
  ─不知道為什麼我覺得這個結構很好。
  ─這也許不是個好點子，不過我們或許可以……
  ─我想請問一下，也許這並非不可行？

實用秘訣

　　請在重要的溝通場合裡避免使用這樣的「軟化劑」。你不妨藉助附錄裡介紹的錄音練習一與二，或是請訓練師、教練或其他你信任的人給你意見，藉以認清屬於你個人的「弱化」慣用語或短語。此外，分析你自己在講電話時的陳述方式也會很有幫助。

　　以下的說明適用於站著辯論的場合。不過儘管如此，所有建議還是可以在稍微打折扣的情況下套用到坐著進行的對話或會議。

❖ 2 穩健的台風

　　在你打開進入演講廳或會議室的門之前，請先做好心理準備。在一旁稍事休息一分鐘，有助你遠離日常喧囂並增添個人的魅力。

　　如果你已經努力工作了一整天，或是風塵僕僕地前來與客戶會面，建議你，在你出現在聽眾面前之前稍微逗留一段時間。不妨在心中默唸下列四條公式[10]幾次：

● 我很高興能來這裡。
● 我很高興你能來這裡。
● 我來這裡全是為了你。
● 我覺得自己已經做好了準備。

　　這幾條公式可以幫助你輕鬆地以正面、友好的態度去迎向交談對象，對驅逐負面的內心對白相當有效。你也可以在心中默唸幾次上一章建議的某些正面公式或你自己的座右銘。

良好的第一印象與最終印象

　　在你說出第一句話之前，聽眾早已自行描繪出你的形象。快速的評估在最初幾秒鐘裡已完成。人生經驗告訴我們，要在事後扭轉不良的第一印象可說是格外艱鉅。如果給人不修邊幅、漫不經心、慌慌張張的印象，其產品或專業能力便不易取信於人。當然，和每一種規則一樣，也會有些例外。

　　第一印象必須是正面的。因為在你上台的第一時間，聽眾便會對你個人做出整體判斷。請牢記：你沒有第二次機會去塑造良好的第一印象！你可以借用最終印象表現出你想在聽眾記憶裡留下什麼樣的影響。建議你，不妨在結尾時再次總結你的核心信息，並且以正面的方式為對話、會議或演說做結。

❖ 3 用協調的肢體語言進行說服

　　心理學相關研究指出，非言語的信號可以讓別人多感受超過百分之五十的同理心。在每個溝通場合裡，你都有機會藉助肢體語言的信號來增強論述，並且「下意識地」與交談對象培養私交。

---

10 Dorothy Sarnoff: *Auftreten ohne Lampenfieber*. Frankfurt a.M., New York 1992.

自信並直挺地站立

　　請將重心置於雙腿穩健地站立。這樣的姿態不僅會傳達出自信，還會讓人聯想到你的實力及執行力。請保持身體直挺；必須完全靜止。請避免雙腿分開的站姿，這點經常會與空間需求或自恃甚高產生關聯。雙腳之間保持約十五公分的距離是較佳的站姿。如果妳是女性，想要凸顯女性特質，不妨將一隻腳稍微放在另一隻腳前面。

坦率與企圖心

　　請你真情流露並表現出企圖心，特別是在重要的想法和論述上。你必須讓對方感受到，你確實力挺自己說的話。請避免在動作上顯露出困窘、漫不經心或慌張。手勢與表情必須能夠凸顯出你所說的話。

　　在使用手勢時請謹記，演說手段用久了就沒用了！如果能動態與靜態穿插運用，效果將會不錯。因此建議你，在陳述分析性的內容時最好收起手勢。理智與情感的成分必須相稱。

　　必須讓你的交談對象一開始就盲目地相信你的陳述。畢竟在論證過程中，他既沒有時間、也沒有機會去檢驗你的證據的可靠性。如果對方對你有疑慮，他便會自問：你是否內行且值得信賴？你是否力挺自己的陳述？聽眾越無法理解你的論點，情緒流露、個性和演說技巧等因素就越容易納入判斷。

　　如果你的行為切合情境且不做作，便有益於提升自己的可信度。肢體語言與陳述內容一致相當重要，你陳述的內容必須呼應你的陳述方式。如果你能正面看待聽眾，你就具備了讓聽眾覺得你真誠、可信的最佳前提。

　　盡可能別去「做」手勢，而是「容許」手勢出現。當你內在有股衝動，手勢自然會自動出現。如果手勢與內容相呼應，並且與論述、表情和談吐構成一個協調的整體，你的手勢便會發揮最強的效力。一般說來，如果一直把雙手背在背上、交叉在胸前或藏在口袋裡，這會產生負面效果。基本上，雙手或雙腳的姿態不對稱，也會讓聽眾感到受輕蔑。請謹記，小手勢往往會讓人顯得緊張，相反的大手勢會顯露出人的自信和穩健。

在我的訓練課程裡，總是有菜鳥學員一再地問：當我在辯論時，我的手該做什麼？如果你是站著辯論，譬如在做報告，建議你，為你的雙手選一個自然的基本姿態。讓雙手保持與腰齊高十分合宜，這會讓你表現出行動決心及企圖心。下列方式可以讓你輕鬆做到這一點：

- 將提示卡拿在手上；
- 一手放在另一手裡；
- 雙手輕輕地與身體保持接觸。

如果你坐在椅子上，建議你將雙手輕鬆地放在桌上，並且隨著論述自然地做手勢。當你將雙臂與雙手張開，便會下意識地表現出對話意願和坦誠。

眼睛看著對方

當你在辯論時，請看著你的對手。這是種尊重的信號，它能讓你：
- 與對手建立「情感的橋梁」（聯繫的橋梁）；
- 展現個人自信；
- 提高關注度；
- 凸顯陳述的內容；
- 留意對手的反應。

在日常生活中，眼睛不看著別人說話會惹來一連串非議；從自大、趾高氣昂，一直到恐懼、自卑、個性或專業上的不穩定等，不一而足。

請注意，在你專注的時候，切勿讓視線朝下或從對手身上移開。如果四目相交會引發過度緊張，不妨看著對方的額頭或鼻根。

❖ 4 用有效的談話進行說服

談話方式無論是快是慢、大聲小聲、清晰或含糊、流暢或結巴，也會透露出一個人的個性。西塞羅便曾說：「人如其言！」

最貽誤說服力的莫過於：

- 說話速度過快，沒有適當的停頓；
- 說話單調、沒有抑揚頓挫；
- 發音不標準（將首、尾音節吃掉）；
- 說話聲音太大或太小；
- 夾雜口頭禪（嗯嗯啊啊……）；
- 重音錯誤。

如何培養有效的談話技巧？

1）變換你的音量

- 從你平常的說話聲音開始。先說得比平常稍微慢一點。
- 變換你的音量。這會有益於你辯論的活力。
- 說出的話語含有由詞彙和承載意義的重音節所形成的韻律。請務必用聲調凸顯出重點所在！

2）變化你的節奏

- 藉由節奏變化確保自己演說生動鮮明。
- 可以藉由放緩節奏讓聽眾焦急期待，也可以藉由加快節奏抓住聽眾的注意力。
- 整體上擇取一個較為合宜的基本節奏。
- 在陳述較重要或較困難的內容時，請將說話速度稍微放緩。

3）清楚地陳述

- 口齒不清較無法取信於人；因為這往往會讓人聯想到，基本的想法是否也同樣不清不楚、思慮不周。
- 請務必留心首尾音節及所有母音是否發音清楚。
- 請努力練習讓口齒清晰。不妨學學專業的主持人或演員。
- 請避免母音長讀；這就是所謂的「填塞物」，像是欸、喔、齁等。母音長讀往往會給人負面印象，連帶也會對你的說服力造成不良影響。

4）流暢地陳述

- 陳述時避免支支吾吾、拖拖拉拉。
- 如果一時想不起來某個詞彙，繼續說下去就是了！萬一語句中斷了，不妨說：「我換個更好的方式來說……」或「讓我換個方式來說……」或「換句話說……」。接著就可以避開原先那個詞彙，從頭把那句話再說一次。

5）談話時稍事停頓

- 談話時稍事停頓可以給自己放鬆的機會。
- 談話時稍事停頓是種重要的戲劇性工具。此舉可以劃分段落、吸引注意、製造懸疑、激發反思。
- 談話時稍事停頓可以增強論述的重要性。
- 在停頓期間，你可以為接下來的陳述稍做準備。
- 你可以在某個重要陳述之前或之後稍事停頓。如果停頓是在陳述之前，人們稱其為「冒號技巧」。
- 如果停頓是在重要的陳述之後

  —可以強調陳述；

  —可以提高聽眾的注意力；

  —可以增強所述內容在聽眾心中的迴響，進而留下較深刻的印象（例如：「我現在要提的是最關鍵的一點」〔停頓〕，接著便以擴大或收斂的音量提出論點）。

- 請不要害怕在談話時稍事停頓！就連在演講與對話中的沉默也必須學習。
- 請在呼氣後做呼吸停頓，不要在吸氣後。

6）避免說話速度過快

- 一般來說，常態性快速陳述容易給人負面印象，這會有損你的說服力。
- 說話速度過快往往會給人一種印象：說話的人想盡快脫離語境，以避免失敗（脫逃行為）。

● 說話速度過快容易導致說話含糊不清，這會讓說話者的說服力大打折扣。

● 陳述過快的論點不僅容易超出對手的吸收能力，還會降低同理心。

● 然而，快速的說話方式未必總是只有壞處（例如你在談話中穿插一段趣聞、個人體驗、眾所周知的新聞或重覆的內容。基本上，加快陳述這類「多餘信息」不僅合理，還能增添戲劇效果）。

❖ 5 與交談對象保持互動

如果交談對象無法理解你陳述的內容，即使你有再強的專業能力或再充分的準備也是枉然。以下各項建議可以幫助你，讓對手輕鬆吸收你提出的資訊：

● 與你的交談對象協調出大綱或程序；

● 一再告訴對手你說到了哪裡，什麼是已經說過的，什麼是接著要說的；

● 擇取一個以聽眾為準的語言水準；

● 藉助明白易懂的例證、圖像或複述錨定核心陳述；

● 盡量避免使用專業術語或簡稱，如有必要應該清楚說明；

● 將你的論述與聽眾可能或已知的知識及經驗連結起來；

● 從聽眾的「世界」裡引用明白易懂的例證；

● 藉助關鍵詞「隨性地」發言；

● 用演說手法凸顯特別重要的陳述（「這點特別重要……」、「關鍵在於……」）。

● 在較長的論述或核心陳述後做個小結；

● 妥善穿插核心資訊與生動活潑的元素（例證、對照、自己的經驗等）。

請留心對手的反應

在整個論述過程中，請留心你的對手對於你的論述做何反應？請你

特別注意決策者、關鍵人物或非正式領導者。你應該始終留意以下四個
問題：

- 你的交談對象表現出多大的興趣和接受度？
- 非言語的信號是否顯示出對你的論述不以為然？
- 對方的肢體語言在多大程度上顯示出他自覺對等、優越或自卑？
- 是否能看得出對方在理解上有多大程度的問題？

與此有關的各項細節將在第五章陳述。

4 熟練地與不公平手段周旋

　　我們在人類的天性裡找到三種起爭執的原因：一是競爭，二是缺乏自信，三是尋求認可。

湯瑪斯・霍布斯（Thomas Hobbes）

本章將教你如何防禦不公平的手段：

1 人身攻擊

2 格言論證

3 打斷與干擾

4 懷疑與使人不安

5 威脅與強迫

6 藉由誇大使事情變得無稽

7 烏賊戰術與程序杯葛

　　在鬥爭辯證裡（參閱第 19 頁），不公平的手段具有崇高的地位。因為為了打倒對手並貫徹自己的立場，任何手段都是可取的。不公平的手段主要表現在偏離主題與目標設定，以及違反公平競爭的規則上。一般說來，不公平的手段會在關係層面上傷害被攻擊者的情感，他們的壓力等級會因而升高。

　　不公平的辯證包含了明與暗的手段。攻擊可以是針對個人，也可以是針對論述。在針對個人的攻擊方面（人身攻擊〔argumentum ad personam〕），主要涉及到動搖被攻擊者的實力、可信度與可靠性。如果攻擊的對象是事實論述，攻擊者則會藉助格言論證、詐誘性問題或開闢第二戰場等手段，去質疑證據的性質或所主張的立場。除此之外，攻擊者還可能會利用一大堆惡劣手段來增加對手貫徹立場的負擔，進而在爭論中取勝。

從持續打斷對方、烏賊戰術、混淆視聽，一直到恐嚇與威脅的姿態等，全是論爭者可能動用的武器。此外還有一大堆微妙的操作手法，乍看之下還不一定可以看出其中的不公平。這類手段包括了操弄情感、根據捏造的事實論述、散播謠言、利用難以捉摸的非言語工具來製造壓力等。

如果能及早識破不公平的手段，並且在有效防禦之餘還能維持對話進行，你就能更妥善地面對各種言語攻擊和惡毒的修辭。你在本章將會學到保證能夠成功處理這類情況的各種方法。

❖ 1 人身攻擊

你的對手會攻擊你個人，他們會藉由傷害你的自我價值感讓你失控，從而再也無法深思熟慮做判斷。其中的危險性在於，你會很快對人身攻擊或冷嘲熱諷自投羅網，導致真正該關注的主題脫離了你的視野。這會具體表現在腎上腺素分泌急遽上升上面。凡是讓自己迅速情緒化的人，都會面臨對話演變成爭吵、迷失自己的目標、策略上陷於守勢等風險。

叔本華曾針對這種論爭手段的邏輯寫道：「憤怒能刺激對手，因為在憤怒中他會無法做出正確判斷或感知自己的優勢。我們可以藉由直言不諱且大言不慚地冤枉、折磨對手來激怒他們。」[11]

視實際情況、攻擊力道及個人對特定反應方式的偏好等因素，可以採取不同的防禦方法。基於實用的理由，茲將相關建議劃分成兩大類：

---

11 Arthur Schopenhauer: *Die Kunst, Recht zu behalten*. München 2012.

- 轉移攻擊者的能量——適用於所有狀況的基本技巧。
- 強硬和柔軟的機敏應答技巧。

　　下述基本技巧適用於職場上的大多數場合，你不但可以用來阻止不公平的攻擊，還可以讓對話繼續進行下去。相反的，利用機敏應答技巧會有風險，你可能會因為一個言語上的回擊而「完蛋」，接下來若不是一片鴉雀無聲，便是升級成爭吵。建議你，在有疑義的情況下，唯有當你和對手獨處，或是在場大多數人都站在你這邊，而且你並不在乎改不改善你與對手的私人關係，這時才能使用強硬的機敏應答技巧。我將在第六章裡為各位介紹最重要的機敏應答方法。

轉移攻擊者的能量——適用於所有狀況的基本技巧

　　抵銷攻擊力道的過程，也可說成是「辯論的合氣道」。合氣道防身術是利用攻擊者的能量及自己的防禦動作讓對手失去平衡。這意味著，在遇到情緒性攻擊時，你應該在思想上退到一旁，並且將對手的能量引導至事實上。《哈佛這樣教談判力》（這是一部成功談判的權威著作）一書淺顯易懂地闡述，如何突破攻擊與防禦的惡魔迴圈：

> **哈佛理念**
>
> 當你本人（或是你的理念）遭到攻擊，請不要回擊。如果你以回擊去回應攻擊，一般來說一點好處也沒有。這時只會讓情緒高漲，讓場面變得更難以收拾。所以，試著去避免攻擊與防禦／回擊的惡魔迴圈，因為那只會浪費時間和精力。試著運用「辯論柔道」（合氣道會更貼切）：不要還以顏色，反而要退到一旁，將攻擊引往問題上。像柔道格鬥一般，避免將自己的力直接施於對手所發之力上。利用自己的靈敏向一旁閃躲，讓對手的猛擊落空。切勿以暴制暴，應該藉由擬訂有利於雙方的選項以及尋找獨立的標準，將暴力往探詢對方利益的方向疏導。

　　舉例說明能讓你更清楚了解：你在某個領導階層面前報告工作組織

新架構的計畫。你從預備會議中得知，不僅生產部門的負責人斷然拒絕這項新計畫，就連他的部屬也對這項新計畫抱持懷疑。這時生產部門的負責人舉手發言，並且當面對著計畫負責人的你嗆聲：

攻擊	你所謂的策略性計畫根本是胡扯。你不過是想藉這項累死我們的計畫讓你自己出風頭。

　　為避免毫無建設性的爭吵，請將攻擊者的能量引導至事實上。不妨利用所謂的「橋句」（參閱自第 71 頁起的說明），如此一來，不僅可以免去盲目地對刺激主題自投羅網，更可以保持從容與鎮定。

　　以下提供四個附有評註的措辭範例，藉助它們便可將生產部門負責人的攻擊引導至事實上：

可能的回應
例一：
你的異議讓我看到你對這項計畫帶有懷疑的眼光。可否請你具體指出你的顧慮在哪裡？
評註：你對不公平的攻擊不予理會，並且藉由反問將攻擊者的注意力轉移到事實方面的爭執。
例二：
逗留在這個層面上，我們是不會有進展的。請問你在這件事情上有何異議？」或是「現在我並不想對你不公平的攻擊發表評論。換言之我想邀請你來場公平的辯論。請問你有哪些論點？
評註：你將攻擊標誌為不公平，並且藉由反問將攻擊者的注意力轉移到事實方面的爭執。
例三：
當你以這種不公平的方式攻擊我，你必然處於弱勢。請問你在這件事情上有何異議？
評註：你利用一個橋句，並且藉由反問將焦點轉移到事實上。
例四：
你的發言讓我看出，你還沒看出這個新計畫的重要性。我很樂意藉這個機會再次說明其中關鍵特點……
評註：你對不公平的攻擊不予理會，藉由親自深化事實方面的論述，將焦點再度轉移到事實上。

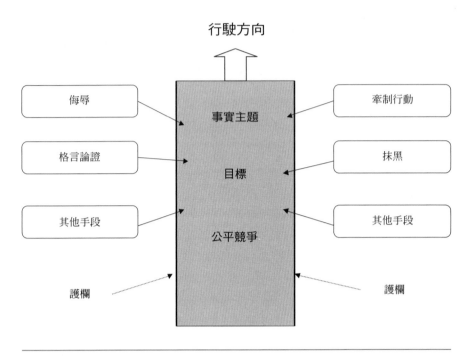

圖五：以事實主題、目標和公平競爭為支點

　　如果你想以較強硬的方式回應那些格外惡劣的攻擊，有許許多多機敏應答的方案可供參考。你在第六章裡可以學到重要的建構原則，它們可以幫助你輕鬆找出機敏應答的適當措辭。

　　無論使用何種防禦策略，請始終保持從容與鎮定。切勿讓他人不平等的地位、大聲的音量，以及情緒性的氛圍影響到你。你的頭腦必須保持冷靜、清醒。如果你很難牢記這項原則，第一章裡與鎮定有關的建議會對你有幫助：增強自己的自我價值感，並且建立一個可以和攻擊者保持距離並且避免恐慌反應的防護盾。

以事實主題、目標和公平競爭為支點

　　為避免在遇到惡意攻擊時失去了綜觀全局的視野，不妨藉助「心智公路」的圖像，讓自己保持在公平、就事論事、以目標為取向的路上。

你可以從圖五裡看出這個圖像的基本原則：

討論（就事論事的辯論）會出現在灰色的公路上。在你和對手討論的過程中，你會或快或慢地朝目的地方向移動（實際目標）。左邊和右邊的護欄構築出彼此之間公平競爭的空間。如果有人使用不公平的手段，便會偏離這條公路。

討論出現意見分歧的時候，不妨抱持這樣的想法：「我會努力將精力與有限時間只花在事實主題以及我設定的目標上，並且會遵守公平競爭的規則。」如果有人侮辱對手、發動人身攻擊或以其他方式違反了公平競爭的規則，他便會偏離（護欄）所劃定的範圍。這個圖像的基本概念與辯論合氣道雷同。無論涉及到何種不公平的攻擊，請你將對手的能量轉移至事實主題與共同設定的目標上。若有必要，請你提醒對方公平競爭的規則。對此，你不妨利用前述的方案。

如果你想化解職場上的不公平攻擊，使用「橋句」是種很有效的方式。

什麼是「橋句」？

橋句是種特殊的措辭，涉及到的並非內容，而是過程，一般說來有改善氛圍的作用。它們彷彿心理緩衝器，不僅可以緩和不公平的攻擊，更可以讓對話回歸就事論事。橋句可以幫助你：

- 爭取思考時間，不致盲目地對攻擊或刺激主題自投羅網；
- 以從容與鎮定的態度行事；
- 將焦點轉回偏離的主題上；
- 使情勢降溫。

為了讓你更清楚了解橋句，以下是幾個化解格言論證的橋句範例：

攻擊	你們團隊的士氣降到了谷底，這件事人盡皆知。
回應	這我還是第一次聽說（橋句）。碰巧在士氣方面，我的團隊正旺得不得了。這點我特別要歸因於……
	或者：
	我不曉得，為何你會這麼想（橋句）。實情正好相反。多年來，我們最重視的一件事便是高昂的士氣。我們有過很好的經驗在……
	或者：
	這個說法讓我十分訝異（橋句）。實情正好相反。多年來，我們最重視的一件事便是高昂的士氣。我們有過很好的經驗在……

橋句也能和就事論事的反問合併使用：

攻擊	你們部門就是不具備高度的品質意識。
回應	這種說法很籠統。我很想聽聽看，究竟你是基於什麼而說這樣的話？（帶有反問的橋句）
	或者：
	對我們來說，品質意識是最重要的事。請問你的揣測是從何而來？

小提示

在附錄裡可以找到可應用在日常生活中的有效橋句（請自第 288 頁起參閱）。不妨從裡面找出適合你的個性與溝通風格的措辭方案。

在職場的會議、對話、討論以及與客戶的接觸裡，強烈建議你選擇這種降溫的方式，放棄公式化的機敏應答技巧。機敏應答主要算是反擊技巧，雖然可以為你帶來片段的歡樂，卻也會損傷你和對手之間的關係。然而，在個人的「靈活反應戰略」架構裡，你也該掌握一些能讓那些糾纏不休、厚顏無恥的攻擊者安分的技巧。這會讓你在格外感受到壓力的狀況裡擁有額外的安全感。

❖ 2 格言論證

　　格言論證是利用短語去扼殺良好論述的方法。這時你的對手往往會以堅決或信心滿滿的口吻表達某個空洞的主張（不帶證據），並且躲在那些主張背後。一般來說，這種手段的目的在於「扼殺」對方提出的建議或論據。當你的交談對象沒有令人信服的反對論據，或是他想要測試他能造成你多大的不安，往往會拿格言論證出來使用。格言論證會以極具情緒化的方式提出，一來可以增加嚇阻效果，二來可以讓對手不去注意自己的論據在事實內容上的薄弱。特別是那些心生畏懼或缺乏經驗的人，往往就會被這種非就事論事的手段唬得一愣一愣，甚或啞口無言。

　　經驗告訴我們，格言論證特別常使用在改革過程中。受到革新或重組影響的同仁表現出越大的反對聲浪，他們就越會以格言論證的形式來表達否定的立場。

常見的格言論證一覽表

- 我們沒時間去幹這種事。
- 這與此事無關。
- 該試的我們全都試過了，這麼做是沒有用的。
- 這麼做成本太高了。
- 這樣的革新不適合用在成熟的組織上。
- 你在這個企業待得還不夠久，不夠格做判斷。
- 這又不是你該管的。
- 這麼做得要花很長的時間。
- 也許在別的企業這麼做行得通。
- 相關的技術還不夠成熟。
- 這簡直是紙上談兵。
- 你完全錯估了情勢。
- 在這方面你還太嫩。
- 要是這件事有那麼簡單，恐怕每個人早就都做了。
- 這件事你到底想怎麼證明？

> - 你想推銷給我們的根本就是個老梗。
> - 我們的同仁完全無法苟同這項計畫。
> - 你的確是使出了看家本領，只不過……

防禦方法

　　切勿被格言論證唬得一愣一愣，務必看穿這樣的伎倆。請你將焦點移轉到對手所缺乏的事實和證據上。不妨提出某些開放式問題，藉此更明確地認清對方的事實論述。

攻擊	這在我的部門裡行不通。我的同事們完全拒絕這項改革提議。
回應	請問你的同事們所提出的異議或批評的重點是什麼？

攻擊	這項革新引發了許多騷動。而且現在我們不需要這個……
回應	請問這項革新在哪些方面引發了騷動？請你具體說說看，你所指的究竟是什麼？ 或是： 採用格言論證的方式，我們無法取得什麼進展。請問你究竟有何論據反對這項新計畫？

　　依脈絡、交談對象以及設定目標等因素的差異，的確可以採取其他的回應方式。當你感覺到，對手之所以阻止革新方案應該是因為尚不了解其中的策略性意涵，這時你不妨以一個簡短的說明來回應。你可以先前置一個橋句，接著再提出兩到三個支持革新方案的論據。甚至還可以例如借用關鍵詞「騷動」，將它與你的橋句合併使用：

攻擊	這項革新方案引發了騷動。而且現在我們不需要這個……
回應	這項革新方案的確會帶來「騷動」。我想再次說明其中最重要的三點，它們涉及到為何有必要現在就進行策略性的革新。第一……、第二……、第三……

小提示

批評你的人有時會把內容空洞的短語和格言論證合併使用，藉此來加重其偽論證的分量，這也是一種非就事論事手段的變形。諸如「這件事很清楚……」、「無疑地……」、「我們可以很肯定地說……」等說法，都是屬於這種「活動布景」。我們經常可以在政治方面的爭執裡見到這類慣用語，例如在電視的政論節目上，或在政治方面的辯論裡。

❖ 3 打斷與干擾

有時對手會在你論述時恣意地打斷、發問、表達自己的論點，並藐視公平的對話規則，藉此干擾你並使你不安。如果你容忍對方做出這樣的舉動，你便會有居於守勢繼而陷於劣勢的危險。因此，請秉持友好又堅定的態度，用以下這些或類似措辭捍衛你的發言權：

- 可否容許我把話講完。
- 請給我個機會，讓我陳述完這整個思路。
- 請稍安勿躁，先生，讓我完整回答所提出的問題。
- 請稍待片刻，我想繼續把我的論據講完。
- 且讓我把話說完。我並沒有打斷過你的發言。
- 請暫時先收起你的砲火，待會兒就會輪到你發言。

不過，偶爾也會有例外。例如你在招攬生意，如果顧客有什麼特殊的問題或異議，或是有什麼不懂的地方需要你的協助，這時你就必須賦予顧客打斷你說話的權力。為了維護你和對方之間的良好關係，在這種情況下你必須允許「有限度的違規」。除此之外，還有許多其他的溝通情況，在那些情況裡，打斷別人談話不僅是可以接受，而且還完全合理；尤其是當插話有助於事情進展的時候。例如，你的同事在度完假之後參與會議，論及在他度假期間其實已經被超越的數字；在這種情況下，你應當以友善又堅定的態度打斷他的談話，為他指出最新的數據資料。以語帶尊重的談話開始你的干擾（例如：「很抱歉，先生，我必須打斷你的

發言。你手上的資料或許還是上一季的舊數據……」），可以讓氣氛不致
過於凝重。

在對話、會議或報告時，有時對方某些行為方式會讓你覺得是在
「干擾」。我指的情況是，參與者沒有一心一意地將心思擺在你和事實主
題上。建議你，打造能夠接收微弱信號（例如肢體語言的信號）的強效
天線，如此一來你便可以及早有所反應。否則可能會有干擾彷彿脫韁野
馬，一發不可收拾。干擾行為的種類相當繁多。做報告時會發生的干擾
行為大致上有：

● 會打亂你的計畫的提前討論；
● 群體裡的騷動或竊竊私語；
● 七嘴八舌同時說話；
● 暗示否定的肢體語言（例如避免眼神接觸、懷疑地看、往後靠、
　離席等）；
● 與會者表現出一副什麼都比你懂的樣子。

在從第 215 頁起的〈做簡報時的困難狀況〉那一章裡，可以找到處
理這些干擾的種種建議。

❖ 4 懷疑與使人不安

「測試安全感」是辯證法的古老儀式。當中的重點在於，弄清楚你
在辯論時在多大程度上會被人弄得惶惶不安。請你保持鎮定，切勿失去
了對等的態勢。當你的論證弱點變得昭然若揭，當你陷於舉證困難的境
地，當你內心的不安在困窘的姿態、慌張的表情、焦躁的眼神及不穩健
的談話（例如越來越多的嗯嗯啊啊、口吃、談話速度加快等等）裡表露
無遺，這時攻擊你的人就「贏」了。

這當中包含了一連串明或暗的手段，對此我們應當有所準備。你的
對手可能會扮演「魔鬼代言人」，以可以想得到的、最嚴屬的批評來對抗
你。他辨識出了你的弱點和罩門，藉此來削弱你的論證，或降低你個人

的說服力。

　　當我們在毫無準備的情況下去招架以下這些或類似的招數，很容易就會陷入壓力狀況：

- 假設性問題或誘導性問題；
- 否定你的能力；
- 質疑你昨是今非；
- 人身攻擊。

　　除此以外，我們在主觀上覺得某些就事論事的質疑或異議很難應付，這些質疑或異議也會引發不安（關於這一點請參閱第八章），某些肢體語言的信號則會流露出鬥爭或漠不關心的意味（參閱第五章）。

假設性問題

　　有時對手會向你提出假設性問題，藉此來測試你的自信，進而動搖你論證的說服力：

- 如果消費行為有重大改變，我們要用你的解決方案做什麼？
- 萬一在德國發生了像車諾比核災那樣的超級危險事故，你要怎麼說呢？如果是那樣的話，你還會支持核能嗎？
- 萬一在這一年裡革新方案失敗了，我們該怎麼辦？

防禦方法

　　一旦遇上假設性問題，請你務必格外小心。萬一你不假思索地回答了，你便「暗示性地」接受了隱藏在問題裡的錯誤前提。因此，請你根據「可行性」、「現實性」、「真實性」與「可能性」這幾個標準，檢驗一下假設句或隱含的假設情況。如果可能的話，不妨揭示問題或異議中那些沉默前提的不現實與不可能。

攻擊	如果消費行為在接下來的一年有重大改變，我們要用你的解決方案做什麼？

回應	我認為非常不可能發生你所杜撰的劇情。我們的計畫是以消費行為在接下來的一年發生了些微改變為出發點。這點是根據……
	或以反問的方式：
	為何你會認為，消費行為在接下來的一年裡可能會有重大改變？

攻擊	萬一在德國發生了像車諾比核災那樣的超級危險事故，你要怎麼說呢？如果是那樣的話，你還會支持核能嗎？
回應	在車諾比那種類型的反應爐發生的超級危險事故，根本不可能在德國發生。這與不同的安全標準有關。在我們的國家裡，反應爐的類型……

攻擊	萬一在這一年裡革新方案失敗了，我們該怎麼辦？
回應	你的問題裡所假設的發展非常悲觀。我們所做的預測，其實是根據專業委員會及備受肯定的經濟研究機構所提供的數據。就細目而言，我們期待……
	或以反問的方式：
	究竟是基於何種觀點，你居然會認為革新方案可能會失敗？

在上個世紀的八〇年代，海涅‧蓋斯勒（Heiner Geißler）曾在某個專家論壇質問以下的詐誘性問題：「蓋斯勒先生，如果下次德國聯邦議會大選紅綠聯盟取得多數席次，你到底還有什麼話好說？」蓋斯勒的回應引來哄堂大笑：「尊敬的提問人先生，你所提的問題大概就只有『如果松鼠是馬，我們就能騎馬上樹』這樣的水準。問題是，松鼠的的確確不是馬……」

誘導性問題

除了上述的假設性問題以外，還有許多的「暗示性」問題，這些問題會具有詐誘性問題的性質。像是誘導性問題便是屬於這一類。這些問題往往會包含諸如「肯定」、「也」或「其實」等用語：

● 其實你肯定也有過這樣的經驗……

- 其實你肯定也認為……
- 其實你肯定也知道……
- 其實你的意思並不是說……
- 所有的顧客都說，這種設備是最好的……
- 其實你和我一樣都心知肚明……

防禦誘導性問題的方法其實很簡單，重點在於：慢慢回答！請你逕自給出一個符合自己的想法和利益的答案。

攻擊	其實你肯定也認為，運送核廢料帶有無法擔負責任的風險。
回應	不，我並不這麼認為。如果你去看一看有什麼替代方案，那麼……
	或是：
	你認為哪些風險是無法擔負責任的？
	或是：
	質疑有關的風險確實是應該的。在德國聯邦議會的認可下，如果我們想要在某段期間裡使用核能科技，就你看來，在處置核廢料方面，我們有哪些選項？

否定你的能力

在這種手法裡，對手會質疑，憑你的專業能力或經驗不足以判斷意見分歧的主題。不少是藉由揭示對方的工作能力、年齡或年資來遂行。

此外還有兩種困難的情況：一是有人提出了你無法回答的特殊問題，二是有人質疑你隨時間而改變了原有的想法。

防禦方法

請勿捲入任何與你的能力有關的討論，務必專注於事實論據。如果你遇到自己無法回答的問題，不妨以外交口吻先行婉拒，並且建議事後再補提不足的資訊。

攻擊	你確定你夠格對市場發展趨勢做判斷？你才在這家企業待了多久？
回應	你所質疑的是市場分析的可靠性。關於這一點，我可以讓你放心。這種方法涉及到的是……

攻擊	身為工程師的你根本就不夠格對「客戶關係管理」方案做出可靠判斷。這種問題很顯然只有商人才有資格回答。
回應	我們不該否認彼此的專業能力，應該把焦點放在更好的事實論據上。你有何論據可以反駁我的判斷？

攻擊	就全世界而言，你和你的方案處在什麼樣的位置？（客觀上你自己並不知道）
回應	關於這個問題，我並不想給你大膽的臆測。我很樂意為你解答這個問題，我會在事後為你送上相關資料。

　　當對手批評你昨是今非，建議你，設法讓對方了解相關新知、改變的基本前提以及你自己的學習能力。

攻擊	一年前你對危機預防策略的必要性還持完全不同的態度。
回應	你說的沒錯。不過我認為，當基本前提有改變或出現了新知識，調整自己的想法是有益的。 或是： 從前我也抱持與你相同的觀點。可是後來我發現那並不可行。原因有二……

游擊戰術

　　這是「惡意辯證」的另一種型態，你的對手會向你提出非常特殊的問題，而這些問題（非常有可能）是你根本無法回答。對手可能會問你某些數據、定義或研究成果。他們會由你錯誤或不完整的答案推出你沒有能力的結論。萬一遇到這種情況，同樣建議你，請將提問者的精力轉移到事實上，無論你是自行回到事實主題，或是藉由反問將對手的注意

力引回事實層面上。

攻擊	你曉不曉得，在二〇〇二年，德國的國民生產總額與投資額有多高？（否定被攻擊者）不然繼續和你討論經濟政策就沒什麼意義。
回應	如果我們一直這樣互考對方一些數字，完全無助於解決實際問題。經濟政策的討論涉及到兩個核心問題…… 或以反問的方式： 我並不想在數字上質疑來，質疑去。我其實並不是很清楚，你認為的投資意願低落的主要原因究竟在哪？

攻擊個人的可信度

　　你的對手會以貶抑你過往的計畫來挑戰你，或是會質疑你根本不完全認同自己的解決方案、產品或論據。請你事先想好妥善的回應策略，藉以應付這種會在所有情況裡製造不安的情緒性手段。以下是兩個措辭範例：

攻擊	恐怕就連你自己都不相信你所說的話吧。
回應	這點恐怕要讓你失望了。我完全相信這套方法絕對會成功。我之所以這麼有把握，主要是基於以下三點理由……

攻擊	三年前你提出的XY計畫後來不也失敗了，為何這次就一定會成功呢？
回應	你籠統的斷言讓我很訝異。因為所有曾經參與過那項計畫的人事後都證實，我們從當時非常艱困的情況裡學到許多重要的事情。就細目來說……

❖ 5 威脅與強迫

　　威脅可說是在談判裡最常見的一種手段。這種手段之所以「有效」，其實是因為往往三言兩語就足以讓對手心生畏懼。在搶奪市場或爭取計畫的優先權時，往往一點小暗示就足夠。以下是兩個例子：

暗示性的強迫（例一）	好了，重要的是，我們得在今天得出個結果。你們的競爭對手提出了值得我們認真考慮的報價。一直以來，我們對你們都感到很滿意……

暗示性的強迫（例二）	你知道的，我們在下半年準備在奈及利亞成立一個辦公室。董事會希望你能接下這項在非洲的計畫。身為人事部的主管，我可以告訴你，這項任命會攸關你日後的升遷。

防禦方法

不妨先忽略對方的威脅，因為那與相應的論證無關。事實上普遍說來，要對付所有不公平的手段，先別去理會其實也是一種有效的方法。因此，請你保持從容與鎮定。不妨藉由以下方式採取主動：

- 表示自己原則上理解對方的要求；
- 說明自己的需求、可能性及界限；
- 請求對方提供背景資訊或再次陳述最重要的論據；
- 根據談判的狀態提出替代建議。

回應（例一）	我們同樣希望能夠在今天得出一個你們可以接受、我們可以執行的結論。我同意你所說的，我們同樣認為，迄今為止的各項合作計畫都進行得很順利。在你看來，有哪些問題是懸而未決的呢？
	評註：你對隱含的威脅避而不談，而且做出了回應。

回應（例二）	我很高興董事會指名我參加奈及利亞計畫，我了解這項計畫的重要性。只不過，我也想好好地和我太太談一談這項選擇的機會與風險。請問最晚何時以前我必須做決定？
	評註：對於對方的信賴表達了謝忱。確認了計畫的重要性，並且請求給予時間考慮。同樣的，這個回應也沒去理會可能的強迫手段。

如果你能提早改善自己的「最佳替代方案」（Beste Alternative；簡稱BA）的性質，便可以強化你個人的談判立場：「萬一我無法和對方談出個結果，什麼是我的最佳替代方案？」（參閱第十二章的哈佛理念）

❖ 6 藉由誇大使事情變得無稽

對手過分誇大你的陳述（例如你的解決方案帶來的後果），並且試圖奚落你，或使你變得不可信。在虛構推論的渲染下，一個原本有理性的想法便會得出極為荒唐的結論。在古典修辭學裡，這種手段被稱為「歸謬證法」（argumentum ad absurdum）。

銷售部門的新主管決定要加強培訓他的銷售團隊。他期許自己能從中得到激勵，並且在激烈的淘汰競爭中取得更多勝利。在某個營運會議中，與三種訓練模式有關的預算被拿出來討論。在下半年裡，每位銷售員都必須去參加訓練營：一種是為期兩天以「願景、典範、目標」為主題的訓練營，一種是為期兩天的媒體訓練營（教授個人資訊管理系統、內部網路，以及系統、應用與生產的數據處理），還有一種則是為期三天的銷售訓練。

居於主導地位的審計員在討論中突然發飆：「我說，每位員工七個訓練日，這樣算起來一百個人就要七百個訓練日。這些訓練所有的人都得參與！我不禁要問，我們的銷售員到底什麼時候才能去客戶那裡拿到訂單？當市場上正打得如火如荼，你居然要把你的人馬送到舒適的飯店去訓練。我告訴你，我們的競爭對手會在我們的客戶那裡吃香喝辣。我希望培訓要有節制。我們這裡又不是什麼自我實現的機構，哪需要讓人去一些昂貴的研習營裡尋開心。總之，我堅決反對這些假藉訓練之名的狂歡趴！我們必須在市場上賺錢，而不是把錢灑到窗戶外頭去。」

防禦方法

對付這種不公平的手段你同樣可以用實事求是的方式回應。你可以重新回到原始問題上，並且凸顯你對事情的不同看法。請你先釐清，你的建議對於對手、企業或社會有何益處？利用創新的機會和風險，或利用最壞的情況和最好的情況來論證，往往也會是辯證的選項。以下是面對審計員的攻擊可以採取的兩種回應方式：

回應	你剛剛推演的是種極端情況。其中有一點我同意你的看法：這的確是關係到市場上的生存。然而，唯有具備有競爭力的知識及能力，我們才能做到這一點。根據我們的需求分析，在前述的三個方面確實有補強的必要……
	或是：
	值得慶幸的是，現實與你所陳述的截然不同。我們的需求分析明白顯示了，在這三方面我們確有不足，的確還有進步的空間。這也就是為何我們需要訓練課程。就細目來說……
	評註：先點出對方的陳述過於誇大，或直接就事論事。接著再以從容鎮定的態度重述核心論據。

◆ 7 烏賊戰術與程序杯葛

　　你的對手完全不反對你的論證的說服力，可是他也不接受你的建議。現在他在他身處的舉證困境中可以轉移焦點，並使出手段讓你陷於混亂。突然間，主題被置換、新的論點被提出、吹毛求疵的反例被虛構、三流的標準被拿出來討論。除此之外，對方還可能會赤裸裸地闡述各種風險或最糟的情況，甚至可能會東拉西扯別的企業的失敗經驗。不僅如此，論爭者也可能會故意將對話或討論的結論做錯誤詮釋，並且將它們總結成對自己有利。另外，像是批評日程安排、責怪時間緊迫難以準備複雜的議題，或是要求與企業裡的專業人士或其他關鍵人物再另找時間談等等，都是屬於這類不公平的手段。

防禦方法

　　辯論合氣道在這裡也能發揮助益。請將攻擊者的精力轉回事實和目標。如果可能的話，請先小結一下談判的現狀。不妨詢問一下你的對手，哪些問題還懸而未決，他又是如何看待討論的現狀？在看似「山窮水盡疑無路」的狀況裡，往往一個提問便有助於對話續行下去：「在什麼情況下你才會同意我們提的條件？」或「必須滿足哪些條件你才會贊同？」

5 操弄人心與心理戰術

本章內容：

1 化解操弄人心與心理戰術的一般性建議
2 操弄者不懷好意地想要影響你的情緒——特殊的防禦秘訣
3 操弄者在辯論時暗中搞鬼——特殊的防禦秘訣

在不公平辯士的彈藥庫裡還有一些其他的操弄手法，在被攻擊者看來，這些手法可能完全不是或只有部分是不公平的。攻擊者之所以刻意這麼做，無非是為了讓自己遂行的目的成為對手的負擔。操弄者可從中取得優勢，因為，一來，只有他自己才曉得這些手段背後的用意，二來，這些手段幾乎無法被立即識破。操弄人心與心理戰術有賴於有意識的掩飾。在日常生活中，如果我們有能力去察覺和化解，便能妥善地防衛這類掩飾的手段。以下說明可以幫助讀者們做到。

小提示

「操弄」這個概念可以十分廣義，大抵來說是指有意識且有計畫地去影響或操控他人。魯伯特・雷則將這個概念定義成：為自身利益而對他人行為所施予的影響，一旦被操弄者有意識地損害，這樣的行為便具有負面意涵。在接下來的論述裡，我所謂的「操弄」指的僅是狹義的操弄，包含以情緒化、「有意識的掩飾」，及欺騙對手為本的手段在內的不公平方法。

相關的論爭戰術可以大致區分為兩部分（並非一刀兩斷）。在這當中，第二點主要涉及到非言語的手段，第三點主要是關係到言語方面的手法和詭計。

在學習針對個別論爭戰術的特殊防禦策略之前，要先了解：

❖ 1 如何化解操弄人心與心理戰術的一般性建議

針對非言語的表現

切勿受這類行為影響，應當保持從容與鎮定。一旦攻擊者察覺到你允許他的行為得逞，他就贏了。因此，切勿捲入那些情緒性的小把戲。請你謹慎地以反問來檢驗，對方的行為在多大程度上是「裝」出來的，或這些行為在多大程度上具備有根據的理由。

請採取主動，並且透過以下建議的方式釋放出自信的訊號：

- 給予反饋；
- 藉助肢體語言表達，你想和對方平等進行辯論的意願；
- 明白告訴對方，對你而言最重要的是論證的品質，不是那些非言語的小動作；
- 明白告知對方什麼事情妨礙了你，反之，在合作與堅定不移的情況下，你有什麼期望。

請記住：你的自信和專業能力，是你不受這類操弄人心與心理戰術手段影響的保證。在這當中，鎮定和壓力管理有關的建議對你很有助益（參閱第一章）。

實用秘訣

不妨在職場或日常生活中訓練自己識別支配與強勢姿態的能力，如此一來，你便可以擺脫這些手段對你的影響。

針對言語的表現

切勿對刺激主題自投羅網。請略過對方設計好要來操弄你的言詞，千萬不要讓自己捲入情緒性的唇槍舌劍。請你試著取得行為主導權。你個人的防護盾（參閱第 37 頁）可以幫助你。請盡量讓自己從容、鎮定、始終如一地停留在事實層面上。

無論如何，態度保持小心謹慎是值得的；唯有當你具有相信交談對象／對手的好理由，你才能夠相信他們。切勿讓「單純的」修辭表象蒙蔽了你。

❖ 2 操弄者不懷好意地想要影響你的情緒──特殊的防禦秘訣

操弄者釋放支配信號或鬥爭信號

在日常的辯論裡，壓力狀況並非只會從言語攻擊、難處理的異議或詐誘性問題引發。對手也可能會利用他們的肢體語言來向你表示諸如反感、否定或懷疑等信息。他們之所以這麼做，無非是為了藉助支配與強勢的信號，一方面鞏固自己的立場，另一方面貶抑你的自我價值，使你膽怯。如果對這類權力遊戲毫無防備，你會很容易陷於壓力，喪失安全感，從而增加犯錯的頻率。在以下說明裡，你將認識到諸如威嚇姿態或鬥爭信號等肢體語言的武器，在溝通中的所有短兵交接上都會拿出來使用。換言之，操弄者想藉此在地盤劃分、座位安排或在真正的溝通上，賦予你一個卑下的地位。

地盤性的耀武揚威

你的對手會在溝通中故意違反與時程、公平競爭或個人領域有關的規則，藉此彰顯他們的優越。

根據社會心理學的研究，我們會對間隔距離做差異性的區別。一般來說，我們只會允許伴侶、密友和親屬進入我們的私人範圍（亦即親密距離）。這個範圍是從直接的肢體接觸往外延伸至距離身體六十到八十公分，大概是一條手臂的長度。如果有陌生人進入這個範圍裡，例如在搭

乘電梯或在擠滿人的捷運上，我們便會感覺到不自在甚或受迫。緊接在親密距離之後的，是通常的對話距離，對話者之間一般會保持約一米二的間距。如果有人在沒有明確理由的情況下入侵至私人範圍，便表現出對對方不夠尊敬或不夠尊重。換言之，透過侵犯界限，他可以展現出自己的優勢與權威。

如果想對交談對象的情緒施壓，可以採取以下的手段：

- 故意讓來訪者枯等，不正視對方，示威性地繼續做自己的事；
- 在問候來訪者時，刻意不與對方握手或用力捏對方的手；
- 以「頤指氣使」的手部動作指引來訪者就位；
- 藉由座位安排展示自己的優勢地位（參閱第 89 頁）。
- 藉由示威性地看錶，向對方施予時間壓力。

實用秘訣

切勿受這類行為誤導，請發送出自信的訊號：你不妨走上前，在你們約定好的時間地點，果決且禮貌地與談話對象交談。萬一對方頻頻看錶，不妨從容地詢問對方可容許的時間。如果能在對話起始階段詢問一下對方排定的對談時間，那會更好。

除此之外，占有優勢的交談對象去侵害對手的個人領域，也會讓對方情緒緊張。以下是幾個這類不公平手段的例子：

- 男性老闆拍擊員工肩膀或握住女同事的手；
- 別的部門的同事進到你的辦公室並且坐到你的辦公桌後面，隨手翻閱你的一些資料與個人物品；
- 在某個中立場所（例如飯店）會面時，一方比另一方占用了更多的空間。一般說來，在中立的場所會面時，人們會「直覺地」認為，整張桌子雙方「分屬」各半；
- 某位具有「攻擊性」的男同事來到秘書處，他矗立在女同事的辦公桌前，觀察所有外洩的春光。

實用秘訣

　　一旦攻擊者察覺到你在姑息他的行為，這時他就贏了。因此請你務必對這樣的行為採取行動。你不妨給予對方反饋（「我不喜歡你占著我的辦公桌。」），或採取較具攻擊性的回應（例如以對方的舉措回敬），或是將對方的注意力轉移到別的主題上。你可以同樣拍拍對方的肩膀，甚至也可以擁抱一下對方，如果這樣的舉動不會令你感到太不舒服。當你坐在辦公桌前，有位煩人的同事站得離你很近，這時你不妨同樣也站起來，接著將他引至其他地方（例如可以坐的地方或門邊，視實際情況而定）。

座位優勢

　　就連座位安排也可顯示出，你和對方的溝通究竟是對等，抑或是「尊卑的」狀態。對手可以藉由以下這些手段來引發你的自卑感：

- 儘管在對話的空間裡有張圓桌，可是在對話期間始終坐在辦公桌後面：對方坐在一張可以表現出氣勢的加高躺椅上，相反的，你不僅坐在一張低矮的椅子上，手上的資料還找不到地方可以放。
- 占據了會議桌裡視野最好且可掌控全局的座位。此外，擴張領域的舉動也是一種優勢信號，可以表現在將手放到鄰座的椅背上，如此便沒人能坐到他們旁邊，他們也可藉此擴張自己的地盤。
- 故意安排你坐到窗邊、刺眼的光源旁，或其他不怎麼舒適的地方（例如會發出噪音的投影機旁）。

實用秘訣

　　如果進行對話的空間裡有圓桌，建議你，不妨坦率地詢問對方，藉此來選擇利於溝通的座位。

你的舉措	我們去圓桌那裡說話，不知你意下如何？如此一來可以讓我更方便為你解說我手上的摘要。
	或者，在光線刺眼的情況下：
	這個地方陽光太刺眼了。可否容許我坐到別的地方？
	評註：務必採取主動！盡早以上述或其他方式表達你的要求。向對方表明，何事對你造成了妨礙。務必保持堅定且合作的態度！

談話時表現出優越或威脅的表情與姿態

你的對手直挺挺地坐著，談話時還占用了比別人更多的空間。他藉著和自己的論述緊密結合的手勢及表情展現出自信與行動決心。這當中，他避免使用張開的（善感的）手掌心，因為這樣的手勢代表著信任、尊重和坦誠。除此之外，屬於優越的姿態還有：

● 利用伸長的食指或短棒做為發動攻擊的武器，狠狠地指向對方；
● 藉助手勢或手部動作來強化自己的陳述，展現出堅決的態度與鬥爭的決心；
● 將手緊握成拳狀，藉此表現：我已準備好要為立場和信念一戰！
● 在對話進行中突然起身，接著來上一段「話說從頭」的獨白。

薩米‧摩爾休 [12] 曾用一些好記的比喻來描寫三種經常用做攻擊手段的手勢：

● 冰淇淋餅杯：人們先用指尖構成一個金字塔，接著讓這座金字塔向前倒下。在被攻擊者看來，這彷彿一個楔子，彷彿一個冰淇淋餅杯。指向前方的尖端代表了給對手的攻擊和威脅。下臂的動作則代表了否定對方所有的論述與異議。
● 手槍：將兩根食指如武器的槍管指向前方，兩根大姆指向上伸直，其餘的手指則交叉疊放。
● 豪豬：交叉疊放的手指全部伸開，顯露出武器的刺尖。

---

12 Samy Molcho: *Alles über Körpersprache*. München 2002.

實用秘訣

切勿讓優越姿態對你造成影響。不妨透過反問來檢驗，這樣的行為在多大程度上是「裝」出來的，或者，這些攻擊性的肢體語言是否和對手的批評與懷疑有關。

回應	你的肢體語言告訴我，你顯然質疑我的話。或者，我是誤會你了？

密集的眼神接觸

有時你的對手會藉由固定、持續的眼神接觸，讓你在情緒上感到緊張，從而在辯論中犯錯。

根據薩米・摩爾休的說法，凝視的持續時間和強度可以顯示出究竟是在爭奪地盤，抑或是在培養情誼。如果是友善的接觸，人們會短暫地將視線移開並中斷正面對峙。在所有初識的場合裡都會上演這樣的儀式。每次當我們遇到陌生人時，與對方眼神交換的時間總是十分短暫。此舉會發出這樣的信號：我已覺察到你並且放棄和你爭鬥。較強、較久的眼神接觸會讓人感覺到受壓迫甚或受侵犯。在西方文化裡，如果雙方互不相識，持續二至四秒的短暫眼神接觸被認為是尊重對方的合宜行為。如果彼此熟識，眼神接觸的時間可以更短或更長。

操弄者會利用這種遺傳內建的規律性，藉由持續、固定的眼神接觸，也許再搭配憤怒的表情或一張撲克臉，去釋放出鬥爭的信號，從而讓對方心生畏懼，思緒紊亂。

實用秘訣

請勿落入由眼神接觸所引爆的權力鬥爭。萬一你的交談對象一直盯著你看，建議你，將對方的注意力轉移到別的方向。不妨將資料遞給對方，或是透過反問將對方帶進交談裡。你也可以藉助肢體語言向對方表示，你是站在平等地位與對方辯論，對你而言重要的是論述的品質，而非那些非言語的小手段。

在聆聽時表現出優越或威脅的表情與姿態

操弄者會利用他們的行為在對方身上引發負面情感，進而讓對方不安和混亂。屬於這類的不公平手段有：

- 挑釁地看著別處；
- 在你論述時做別的事（例如翻閱自己的日程表、閱讀文件、使用筆電或平版電腦、用手機收發簡訊等）；
- 恣意地中斷對話、講起電話，或是任由秘書進進出出遞送文件；
- 對話到一半突然起身，安撫你說：請心平氣和地繼續說……
- 帶著撲克臉或拒人於千里之外的表情靜靜坐著，鮮少給予反饋；
- 示威性地靠向椅背，（挑釁地）大剌剌地坐著，並且將小腿橫擺成某種障礙；
- 把腳翹起來，以致對方必須把大腿挪開。這代表了在置於上方的腿的方向有阻礙。

實用秘訣

從容與鎮定是最好的反制策略。你不妨利用問話技巧，將難纏的對手牽制在對話裡，從而與對方進行一場有建設性的對話。

藉助外表與地位象徵來影響對手

這些因素會在對手的「潛意識」裡造成影響，會引發對手的自卑感；尤其當對手對於這些物質條件特別敏感時。當地位象徵顯露得越多、越令人印象深刻、越能令人感受到彼此間的地位差異，效果便越顯著。地位象徵是個人外顯的成功符號，代表著社會地位或個人在企業或社會階級裡的重要性。以下是這類因素的細目：

- 企業依據領導層級差異所提供的物質方面地位象徵，例如辦公桌、地毯、辦公室的大小、電腦、秘書、汽車品牌、專用車位等；
- 個人所爭取來的物質方面地位象徵，例如豪宅、名車、昂貴的遊

艇、私人飛機、華服、貴重的首飾、繪畫與雕塑、名錶、特別的
度假地點、所費不貲的嗜好等等；

⦿ 各種頭銜、勳章、獎金、獎項、官位。

當人們越往領導階層的頂端高陞，一張沒有文件堆疊的辦公桌就越
會被視為權力象徵。坐在這個位子上的人，必須思考願景、擬訂策略、
熟練地委任、審慎地下決定，並且鄭重地公布決定。有效的合作可以造
就一個高度機動的領導團隊。如此一來，只有極少數「十分重要的」文
件會留待老闆決定。

操弄者利用恭維當作達成目的的手段

奉承交談對象，讚許工作成果，藉此讓對方在被恭維之中增進自我
價值，這招心理技巧雖然十分簡單，卻在任何情況下都相當有效。這種
方法的基本假設是：如果能夠先讓對方「龍心大悅」，便會比較容易取得
對方的首肯。

防禦策略

如果讚美是出自誠心且符合事實，此時便無須推辭，不妨愉快地接
受，並且以謝忱做為反饋。設若你懷疑這背後隱藏著操弄的詭計，不妨
簡短地表示感謝並且推辭對方的恭維，接著立刻回到事實主題上。

回應	十分感謝你送的花。可否容我再次說明今日這場會面的緣由，這是XY計畫的期中總結，接下來的步驟是……

操弄者使出哀兵政策

交談對象在論述中明白且露骨地表現出他的處境值得同情：「先生，
我們只是家很小的零件供應商，必須在殘酷的市場競爭下求生存。目前
生產成本節節高升，如果還要調降售價，我們根本就沒有生存的餘地。
我們這些銷售員的難處你也許無法想像。如果到現在你還是嚴詞拒絕我
的建議，那我就真的不曉得該怎麼辦了。請你行行好，這次就稍微讓

步⋯⋯」這當中的意圖十分明顯：對手想要喚起你的同情心，藉此獲得
你在事情上的讓步。

防禦策略

如果你覺得對手在操弄你，不妨釋出理解的信息並採取反對的態
度。你可以向對方表明，每個人在自己的工作崗位上都有必須達成的工
作目標，再者，無論企業是大是小，全都得在殘酷的市場競爭下謀求生
存。你不妨利用政策的呼籲（它們應該對經濟和景氣發出正確的信號）
做為給予對方的安慰劑。接著便將注意力轉回事實主題上。誠如哈佛理
念的中心思想所述，這項技巧的重點在於兼顧事情的結果與夥伴關係的
維繫。

利用對手的弱點

故意提及他人弱點，藉此削減他人的自我價值感，這種方式可謂是
「最骯髒的手段」之一。當中最可惡的莫過於將他人在學業或事業方面的
弱點、缺點或劣質加以工具化，藉此讓他人感到不安甚或乖乖就範。

舉例來說：公司高層的某位私人助理為公司所屬刊物的重新編製
撰寫了一份建議書。在與商務總監單獨會談時，他向對方介紹了新的理
念。嫻熟地化解了許多異議後，他在會談接近尾聲時感覺相當良好。決
策者首肯似乎只差跑公文的程序。可惜，事與願違。和往常多次與這位
助理會談一樣，這位主管又再次另闢戰場。他從抽屜裡拿出一個資料
夾，接著侃侃談及某個會讓這位助理抓狂的主題：「是這樣的，前幾周我
把你寫給我的信整理了一下。你的正字法和你的文字表達讓我一再看到
惱火。如今我想藉這個機會指給你看看⋯⋯」一時之間，這位助理突然
變得目瞪口呆，再也說不出話來。

防禦策略

首先你要注意，不僅不要一下子就對刺激主題自投羅網，還要將行
為權柄再次奪回自己手上。你個人的防護盾可以幫助你。不妨直接提及
偏離的主題（在上述例子裡，偏離的主題是「信件」），接著再將注意力

轉回真正的事實主題。如果你能設法擱置刺激主題，並且先結束第一個
議程，會讓你看起來更有自信。

回應	讓我們先談完公司刊物這件事，再去談第二個主題，不知你意下如何？
	或是：
	讓我們先談完公司刊物這件事，不知你意下如何？我很樂意接著與你談談第二個主題。萬一今天時間不夠，也可以另外約時間再談。

　　為避免日後再度經受類似「驚喜」，最好在取得共識的情況下將這樣
的尷尬主題說清楚。在上述例子裡，助理不妨向主管尋求解決方案；當
然，自己的建議也可以納入討論。譬如去外面的補習班上課，或是在公
司內部接受書信訓練，或是尋求認真的輔導人員或校正軟體協助。

❖ 3 操弄者在辯論時暗中搞鬼——特殊的防禦秘訣

　　此外還有很多有關於操弄論述及細膩地操控討論的不公平招數。攻
擊者的修辭手法越巧妙，招數就越難被識破。就細項來說，這類招數可
能涉及到以捏造的事實或虛構的人物來論證，涉及到詆毀競爭廠商，涉
及到變更議題，涉及到另外兩種奸詐的手段：利用對手個人弱點，或扮
演「黑臉與白臉」。

「捏造的」數據

　　你的對手扯謊。他利用虛構的數據、資料或研究報告來論證，藉
此提升自己的產品或解決方案的價值，為自己薄弱的論述賦予科學的外
觀，改善自己在談判上的地位。以下是幾個範例：「我們的客戶有百分之
九十八都對這項新的服務觀念感到非常滿意」、「學界的行銷專家都推崇
我們的客戶關係管理觀念為典範」、「有家競爭廠商也給了我們報價，他
們開出的價格比貴公司的低了百分之二十五」。化解這種招數有困難之
處：當操弄者以越有效的修辭手法來包裝這些「捏造的」內容，落入操
弄者所設圈套的風險就越大。尤其是，如果操弄者舌燦蓮花，或是長年

累月在談判與討論中磨練過這類不公平手段，那就更加難以識破。

防禦策略

無論如何，提高警覺並且只在有好理由的情況下信任對方。切勿急忙自投羅網。請將對手設計好的言詞以及優越的表情與姿態視為過眼雲煙。請不要讓那些「單純的」修辭表象蒙蔽了你，你應該前後一貫地針對包含資訊來源在內的事實、數據和論據，檢驗其可信性與可靠性。你不妨透過細究式的提問向對方表明，你是不會輕易接受對方籠統的斷言。

謊言	我們的客戶有百分之九十八都對這項新的服務觀念感到非常滿意。
回應	不曉得你們是用什麼方法進行客戶滿意度調查？還有，你們到底訪查了多少客戶？

謊言	學界的行銷專家都推崇我們的客戶關係管理觀念為典範。
回應	聽起來不錯喔！不過，我倒是有兩個疑問。究竟是哪些行銷專家給了貴公司如此的好評？還有，貴公司的客戶關係管理觀念又有何特殊之處？

謊言	有家競爭廠商也給了我們報價，他們開出的價格比貴公司的低了百分之二十五。
回應	我並不清楚對方是在什麼樣的基礎上做這樣的報價，因此我無法評斷這項數據。我很樂意再向你說明，我們是如何得出我們的報價。你會發現，我們的價格其實相當實在。
	或是：
	我並不清楚對方是在什麼樣的基礎上做這樣的報價，因此我無法評斷這項數據。不如讓我們來將兩方的報價做個仔細比對，讓我們看看，例如有哪些我們額外提供的福利與服務是對方所沒有算進去的。

假借他人的異議

你的對手感覺到，你有很好的論據，而他越來越難對簽訂一份交易合約說不。在如此「危急的」時刻，他突然引述了不在現場的某些人的異議。這些人可能是他的主管、審計員，或其他與議題有關的別的部門

的關鍵人物，沒有他們的首肯，交易合約不可能簽得成。

　　這類招數還有一種變形：在辯論過程中不斷拿他人的意見來當擋箭牌。某些在對話當下無法被詢問的相關人士會被拉來助陣。這些「看不見的」幫手可以是學者，可以是研究機構，可以是某個領域的專家，也可以是自己所屬企業裡的重要人物，例如專業顧問、研發部門主管，或某位董事。

防禦策略

　　萬一遇上這種操弄，你完全可以用從容鎮定的態度面對，因為這時你的對手非常有可能已經用盡自己的論據了。建議你，先確保已達成的談判成果，並且設法安排與「看不見的」第三人會面。萬一遇到的是企業外的相關人士，你不妨敦促對方透露實際的資訊來源。

假借的異議	如果沒有先跟我的老闆商量一下，我恐怕沒辦法做主。在我們愉快的會談過後，我會去找我的老闆商量看看。
回應	這點我完全可以理解。我很期盼日後可以認識你們老闆本人。我下個禮拜剛好有空，不如我們來約個時間？

假借的異議	就我所知，佛勞恩霍夫原料回收研究所做了些新的研究，他們的結論和你的說法大相逕庭。
回應	你所說的研究我並不清楚。可否請你透露正確的資料來源，或是以郵寄或傳真的方式給我一份這些研究成果。

藉由謠言去詆毀競爭者

　　在這類「無賴的招數」中，人們會刻意散布謠言，藉以達到傷害競爭對手以及改善自己談判地位的目的。例如，某家公司的業務代表透露了一些與對手企業嚴重缺失有關的看似可信的傳聞。這當中可以牽扯得很廣，可以牽扯到繪聲繪影的約定期限問題、生產能力問題、產品品質問題，也可以牽扯到被收購的傳聞或有待實現的轉型過程。如果去找那些被以這類影射所抹黑的企業對質，它們必然會否認傳聞所宣稱的困

境。這種手法的狡詐之處在於：操弄者會把否認傳言詮釋成競爭對手在刻意隱瞞證據。

防禦策略

如果對手本著傳聞論述，而且還說第三者的壞話，你最好保持質疑。誠如辯論合氣道所教導我們的，請將注意力轉移到事實主題以及你自己的談判目標上。此外，在接來下的談判中，請務必對你的對手提出的論點和證據特別嚴格。一般來說，那些試圖以散布謠言來貶低競爭對手的人，根本就沒有資格成為你所期待的可信且可靠的合作夥伴。

變更主題與採用「空白的」（未經探聽的）資訊

在每個溝通場合裡都會涉及到這樣的問題：哪些主題與意見被納入討論、誰在何時讓哪些觀點發揮作用？實際上，這類操弄招數會以多種不同樣態進行。在此僅舉幾個例子供參考：

另闢新戰場

這類非就事論事的手段可以透過封鎖相關議程的討論，也可以透過消耗你的精力，讓操弄者可以取得更有利的談判地位。

舉例：在一場談判中，你的對手打算變換戰場並且將你捲入冗長又累人的討論裡，藉此拖延時間。你的對手可能試圖：

- 改變層次，例如在關於技術性的討論中提起諸如經濟問題、組織問題或客服問題等其他標準；
- 討論某些定義或策略性的基本原則問題；
- （重新）討論所提建議的風險與缺失。

防禦策略

切勿一下子就對對方提出的主題自投羅網，請將對話拉回中心議題及會談目的上。你可以指出，由於時間有限，不得不將對話擺在中心議題上，如果有時間的話，討論那些其他主題其實會蠻有趣的。

穿插「空白的」資訊

　　如果對手基於策略上的原因不想回答某個問題，或是意圖引入某些可以提升形象與能力的附帶觀點，這時他便會穿插一些「空白的」資訊。相反的，「受拘束的」資訊則會推進對話和事情的進展（參閱第198頁）。

　　舉例來說：在某個直播節目上，有位記者詢問某位聯邦官員，對於梅克倫堡—西波美拉尼亞邦長期的失業問題有何對策？為了避免無言以對，這位官員便使出一招德國自民黨漢斯—狄特里希‧根舍（Hans-Dietrich Genscher）曾修練至化境的妙招（參閱第129頁起）。他開始陳述一份（準備好的）原則性聲明：「請容許我做個原則性的說明。這取決於我們透過合宜的獎勵去增進投資意願，以及我們更積極地去取締打黑工的情況。特別是就連在梅克倫堡—西波美拉尼亞邦……」

防禦策略

　　如果被詢問的人避而不答重點，提問者此時就必須繼續追問，並以友善且堅定的態度打斷對方（例如：「對不起，部長先生，你對目前的長期失業情況究竟有何對策？」），接著再用別的話把問題重提一次。

扮演「黑臉與白臉」

　　在這種操弄手法裡，你會遭遇兩位談判對手，他們會一搭一唱地否定你的做法。扮白臉的會負責柔性、夥伴取向的角色。他只會運用柔性技巧，藉此和你建立「良好的」感情聯繫，並且化解過冷的氛圍（解凍）。扮黑臉的要執行的任務則是直接對你發動攻擊，並且以極其認真的態度提出各種過分要求。他會使出各種令人膽怯的手段，藉此來維護自己提出的要求。在他身上，你只能見到冷酷無情的言行舉止伴隨著優越的姿態與撲克臉。萬一你和扮黑臉的陷入僵局，甚或一言不合吵了起來，他的同事便會出來打圓場，並且提出一些合作的建議。

防禦策略

　　無論如何請謹記，不管這兩個人做了些什麼，他們都是設計過、套

好招的。他們都戴了面具。你最好的防護是：

- 從容、鎮定、前後一貫地維持在事實層面上；
- 切勿陷入情緒性的戰局；
- 忠於自己的論述路線，只在事先定義好的談判空間裡活動。

　　遇到這種情況時，各種防禦不公平攻擊手段的策略都是相當寶貴的援助。

6 十種最重要的機敏應答技巧

在本章可以學到以下巧妙還擊對手的技巧：

1 反問

2 翻譯技巧

3 修改攻擊的定義

4「正因如此」技巧

5 將否定的陳述轉為肯定的觀點

6 梳理問題中的影射

7 以敘明理由的方式回絕問題

8 轉回攻擊者的（情緒）狀態

9 以其人之道還治其人之身

10 不按牌理出牌與胡說八道的回答

　　在以下說明裡，你將會學到許多實用的機敏應答技巧。請你根據實際情況檢驗一下，以下介紹的各種類型在多大程度上符合你要應用的情況。像是事情的來龍去脈、攻擊者的強度、你個人的偏好，或關係層面的重要性等，都是在選擇採取方法時可以參考的判準。

　　我從訓練課程及擔任訓練師當中認識到，在百分之八十的職場討論中，使用橋句（參閱第 37 頁）或合適的轉移技巧，已足以讓人自信地妥善應付非就事論事的攻擊。萬一遇上羞辱、挑釁、嘲弄、諷刺，例如私底下的爭吵、政治方面的討論與辯論、某些與工作有關的衝突、在令人反感的場域裡辯論，此時機敏的回擊便顯得格外有價值。

　　在文獻方面，我們也可找到很多與「機敏應答」有關的指南，它們或多或少都對我們有幫助（較具代表性的著作有 Barbara Berckhan、Matthias Pöhm、Matthias Nöllke、Wilhelm Edmüller 等[13]）。本書介紹的機敏應答技巧以及如何產生機敏答覆有關的說明，係根據實用性、操作便利性、原創性和職場適用性等標準擇取。

小提示

　　不妨在日常生活中反覆練習你偏好的技巧，這是你改進機敏應答技巧的最佳途徑。諸如在固定聚會中的討論、朋友或熟人間的討論，或是在與政治或社會有關的工作範疇裡的討論，都是很寶貴的練習場合。在本章的最後，你可以找到與練習有關的特殊秘訣。

　　我們可以進一步將技巧 1 至 8 視為柔性、降溫的技巧。換言之，如果你意在維繫對話進行，這幾項技巧都十分合宜。至於技巧 9「以其人之道還治其人之身」與技巧 10「不按牌理出牌與胡說八道的回答」，則是屬於較強硬的回擊，這些舉措有可能會危及你和交談對象彼此間的關係。因此建議你，僅在例外情況下採取這兩種技巧回擊。

❖ 1 反問

　　遺憾的是，幽默機智的回答不會隨傳隨到。為了不讓自己啞口無言，直接反問是十分有效的「生存策略」。直接反問的方式還有一些特別的好處：不僅能讓你顯得機敏，能為你製造喘息空間，對攻擊者施加一定的壓力，讓對方瞧瞧你的厲害。

　　藉助反問的技巧，你可以：

  ● 對於誇大的論點或格言論證追根究柢；
  ● 填補補充資訊；

---

13 Barbara Berckhan: *Judo mit Worten*; Matthias Pöhm: *Das NonPlusUltra der Schlagfertigkeit*. München 2002; Matthias Nöllke: *Schlagfertigkeit: Das Trainingsbuch*. Freiburg 2009; Wilhelm Edmüller: *Manipulationstechniken abwehren*. Freiburg 2012.

- 釐清某些抽象的概念；
- 將攻擊者的注意力轉回事實上。

攻擊	我的團隊對這項新觀念有相當大的疑慮。
回應	請問，具體來說，你們究竟有些什麼樣的疑慮？

攻擊	你們負責的區塊很肥，應該要瘦身。
回應	你所謂的「很肥」與「瘦身」究竟是什麼意思？

❖ 2 翻譯技巧

這項技巧的藝術在於，利用翻譯的方式將負面、具有傷害性的攻擊轉成迎合你的方向：

攻擊	你簡直把你的員工當成畜牲來對待。
回應	實情正好相反，我很驕傲有個這麼挺我的團隊。

攻擊	請你別再跟我說你的訓練課程、衝突管理或諸如此類的事。
回應	所以，你的意思是說，不管遇到的衝突再怎麼困難，你都已經具備解決衝突的知識和能力了嗎？

攻擊	你曾經放棄了學業。所以這件事不適合你吧？
回應	就今日的角度看來，當時能夠下定決心更換跑道，我覺得自己很幸運。

❖ 3 修改攻擊的定義

這種辯證類型的目的在於利用新的內容去填充對手的話語或陳述。藉著改變詮釋，你不僅有機會讓自己顯得機敏，更有機會再度奪回說話

權。自然、不做作地修改定義，特別適合用於防禦人身攻擊或影射。這
項技巧相當簡單：先從不公平的攻擊短語中提取關鍵詞，接著按照你自
己的意思為它賦予意義，最後再對自己所下的定義表示肯定。

攻擊	你真是個斤斤計較的傢伙！
回應	如果你所理解的「斤斤計較」指的是在細節上謹慎管理並以維護最高品質為己任，那麼我得要謝謝你的恭維！

攻擊	你簡直是想入非非。
回應	如果你所說的「想入非非」跟思想的靈活性與創造性有關，那麼我完全同意你的看法。

❖ 4「正因如此」技巧

對方的陳述會被顛倒過來，並視實際情況補充或擴張。對方的論據
會被援引為我方的論據。

攻擊	負責改善行銷策略的企業顧問，根本不了解我們這個行業。
回應	正因如此，他們才能夠在沒有經營盲點與成見下找出問題並且對症下藥。來自外部的顧問可以提供流程技術，而我們具有增長的專業能力。

攻擊	你們部門做的訓練課程比別人多很多。這種享樂所費不貲，除了生產出一大堆帳單以外，其他什麼也生產不出來！
回應	乍看之下似乎是如此（橋句）。不過，正因為我們做了許多訓練，所以我的團隊士氣特別高昂，而且我們在專業方面也始終處於領先。

❖ 5 將否定的陳述轉為肯定的觀點

每每在革新或改變的過程中，總會有人一直持反對、挑剔、否定的
態度，進而針對這些構想提出種種壞處、風險、困難及缺失。這種情況

的危險性在於，新構想的負面成分被不成比例地大肆討論。這裡要提供你兩種技巧，你可以藉此將對方的注意力轉移到肯定、富有成功機會的觀點上：

1. 提出一個（開放式的）反問，藉此讓批評者找到肯定的觀點。
2. 自己在回答上指出與主題有關的肯定觀點。

攻擊	這項「革新管理計畫」未經過深思熟慮，裡頭有很多缺失。
回應	請問你認為這項計畫的優點以及特別有可能成功的特點在哪？ 或是： 在你看來，必須要做些什麼，你才會認為這項計畫具有可行性與前瞻性？

攻擊	我深深懷疑你建議的溝通訓練，因為過沒幾天，訓練的效果就會煙消雲散。
回應	在你的異議中，你點出了一個重點，那就是要成功應用受過訓的人。我想藉助XY溝通訓練來指出，無論與客戶接觸或是內部合作，這些訓練被證實有哪些正面成效……

❖ 6 梳理問題中的影射

　　攻擊者先提出一個未經證實的主張，接著立刻提出一個問題。在壓力狀態下，我們往往會傾向於只注意問題，卻對隱含在問題裡的影射渾然不覺。

詐誘性問題	過去幾年中，你在管理上出的錯比做對的還多。你對未來前景有什麼看法？
回應	你的問題的第一個部分裡的論斷並不正確。至於未來前景，我想從三個角度來觀察…… 或是： 關於你的問題的第一個部分裡的論斷，請恕我無法苟同。總體來說，我們在管理上繳出了不錯的成績單。對於未來前景，我們是這麼看的……

另有一種變形：先反駁影射，接著再（視實際情況和目標）提出一個柔性或強硬的反問。

詐誘性問題	你的銷售團隊簡直是群烏合之眾！必須找個機會好好整頓。
回應	你為何如此粗暴地攻擊我的團隊？我的同仁們士氣高、績效好。在我記憶中，客戶滿意度分析的結果都是相當好……
	或是：
	你的說法所幸與事實不符！我的團隊士氣高、績效好。究竟是什麼原因讓你如此貶抑我的銷售團隊？
	或是：
	這或許是你個人的主觀。值得慶幸的是，實際情況完全不是你所想的那樣……

你也可以直截了當反駁對方的攻擊，或簡短地主張對立觀點。

詐誘性問題	你所謂的「客戶關係管理計畫」根本就沒頭沒腦。我看，恐怕就連你自己都不挺這項計畫。
回應	你錯了。這項客戶關係管理計畫基礎上可行，而且我全力支持這項計畫。在我看來，這項計畫基於三個理由極具前瞻性……

❖ 7 以敘明理由的方式回絕問題

藉助轉移技巧，你可以拒絕答覆那些不公平的（詐誘性）問題或要求。沒有人可以強迫你去回答那些不得體的問題。拒絕回答並敘明拒答的理由，是一種十分簡單的防禦策略。這種方法由兩個部分構成：

1. 敘明的理由應足以讓人接受你的拒答；
2. 簡潔有力的回絕可以讓你向對手發出信號，告訴對方，他的手段無法在你身上得逞。

問題	你覺得我們新主管的管理能力如何？
回應	關於這個問題的討論並不在今天的議程裡，因此我不想對此事表態。 或是： 你似乎在這方面有問題。究竟癥結在哪？

問題	你的薪水有多高？
回應	我的薪水和這個主題一點也沒有關係。因此我並不想談這一點。 或是： 我只對非常少數的人透露我的薪水。可惜這些人裡面沒有你！ 或是： 你似乎在這方面有問題。究竟癥結在哪？

問題	麥爾昨天在客戶那裡做的簡報糟透了。你是不是該訓他一頓，好讓他以後別再犯這些嚴重錯誤。
回應	你自己就在那場簡報的現場，由你來給麥爾一些反饋，意義會更大。

這種技巧的基本模式是「敘明理由＋回絕」，也適用於人身攻擊的情況。不過重要的是，職場上仍應以維繫溝通為優先。因此，請你試著別讓對話因此卡住。

❖ 8 轉回攻擊者的（情緒）狀態

這項技巧是從前述的合氣道推導出來的。對手對你發動攻擊，他意欲傷害你這個人。然而你並未中招。更確切地說，你在思想上閃到了一旁，並且將對手的攻擊轉回他自己的情緒狀態，或是將內容總結成一個簡潔有力的事實論斷。

這麼做的好處在於：攻擊者會察覺到，不僅不公平的手段在你身上發揮不了作用，而且你還掌握了主動權。無論對手多麼不公平、多麼情緒化，你只要將他的言語攻擊歸給他的情緒狀態，完全別讓對方的攻擊

侵犯到你本人。

攻擊	你剛剛提的論述根本半生不熟。
回應	你看事情的觀點很另類。（接著提出反問） 或是： 對此你顯然有不同的想法。（接著提出反問）

攻擊	你簡直是個大笨蛋！
回應	你顯然正在氣頭上。到底你的問題出在哪？（請注意：如此回應可能會讓緊張的情勢升高！） 或是： 你太激動了。這整件事到底哪裡妨礙到你？ 或是： 你激動的反應讓我很意外。這整件事到底哪裡妨礙到你？

　　藉由這樣的回應，你可以向對方展現，你不僅分析了對方的表達方式，還理解他的心境，不過你卻完全沒有對他不公平的手段自投羅網。

❖ 9 以其人之道還治其人之身

　　我們可以讓對手自己也嚐嚐看，那些用在別人身上的差辱、嘲弄或其他不公平的攻擊，究竟是什麼樣的滋味。將攻擊者意欲施加給你的痛苦假設性地回施在攻擊者身上，這在政治討論的時候十分有效。適用於這項技巧和技巧10的格言是：「粗木要用闊斧劈。」（Auf einen groben Klotz gehört ein grober Keil；此為德文諺語，意即「對粗魯的人不用以禮相待」）

攻擊	你根本就不在乎環保。你只關心自己的事業。
回應	我並不想以牙還牙地指責你很市儈或你總是到處扯謊。這也是我想對你說的話。問題究竟在哪？

攻擊	身為電力公司的員工，你恐怕不得不對核能發電美言幾句。
回應	你的想法恐怕還停留在舊時代。在我們的企業裡，我們非常重視每位員工能夠公開維護自己的意見。況且，你或許忽略了我們推動再生能源的努力。

攻擊	你看起來不是頂聰明。
	或是：
	你真的很沒腦子。
回應	你知道投影機嗎？（稍事停頓）讓我來告訴你：投影機就是將自己的缺點轉移到別人身上。
	或是：
	你這話是什麼意思？這樣的評論究竟是會破壞還是提升你的個人形象？
	或是：
	真有意思，你居然相信自己有能力評斷智力。你到底有沒有做過智力測驗？你的智力有超過室溫的數值嗎？
	或是：
	究竟是出於什麼樣的動機，你會不顧形象做出這種評斷？

❖ 10 不按牌理出牌與胡說八道的回答

你可以給出一個完全不符預期反應的回答，藉此讓攻擊者不知所措。藉助胡說八道的回答、帶有諷刺意味的恭維、誤聽甚或雙音節[14]，便可造成對手的認知失調。換言之，你的對手會無法理出頭緒，為何他的攻擊會引來這樣的回答？

以諺語回擊

以一句與攻擊毫無事實或邏輯關係的諺語或格言回應對手不公平的攻擊。技巧在於，讓對手去面對謎團或矛盾，讓他無法用邏輯去解釋你的答辯。

---

14 也可參閱注8。

攻擊	妳簡直是廢話連篇。內隱知識妳顯然不在行。
牛頭不對馬嘴的諺語	俗語說得好：「不能以偏概全。」

攻擊	你眼裡只想達成事業目標。
牛頭不對馬嘴的諺語	在我的家鄉有句俗語：「平時不燒香，臨時抱佛腳。」

　　在許多情況下，牛頭不對馬嘴可以讓你的對手摸不著頭緒或思路紊亂。如果對方重複提問，你不妨繼續加碼：「用點心思就能了解這背後的道理。為何你做不到？」

　　如果你沒有興趣和那些挑釁的言語胡攪蠻纏，不妨利用以下這些諺語：

- 有備無患！
- 懶人到了晚上才會勤勞。
- 時間會證明一切。
- 餽贈之物勿挑剔。
- 星星之火，足以燎原。
- 不勞而獲。
- 同類不相殘、官官相護。
- 理論家什麼都能證明，黑的都能說成白的。
- 驕兵必敗。
- 不能以偏概全。
- 廚師多，燒壞粥（人多誤事）。

用隨便一個主題回擊

　　為了讓攻擊者錯亂，可以運用其他的胡說八道技巧。你可以任意提及某個與對手的攻擊毫不相關的主題。在這當中，同樣也別評論對手的

羞辱或其他不公平的手段。更確切地說，你必須將攻擊從你身上轉移到由你擇取的主題上。這就好比藉由調整轉轍器，你改變了原本就快要從你身上輾過的火車行進方向；這會讓攻擊者感到十分意外。

　　你可以根據實際情況擇取某個唾手可得的（具體的）主題，例如天氣、抵達目的地、度假或在附近的某個對象。有時也可以考慮抽象的主題，例如報刊的文章、電視節目、參與的訓練課程或市場的新趨勢等。

攻擊	你真的很沒腦子。你根本是個廢物！
回應	不曉得你知不知道，從昨天開始公爵街被封鎖了。如果有客戶要來拜訪我們，我們得事先提醒他們一下。你認為呢？ 或是： 你應該也對CeBIT資訊及通訊科技博覽會的趨勢有所了解。就你看來，我們企業的成功機會在哪？

攻擊	妳過去曾經很苗條。
回應	昨天你有沒有在電視上看到「青少年科學研究」的報導？真的很有意思。有兩個十七歲的少年研發了一套新的回收計畫…… 或是： 請把你想說的話藏在心裡。這幾個星期來我腦海裡一直在想一件事：全球暖化真的開始了嗎？德國電視二台的約艾辛·鮑柏拉特[15]在最新一集的節目裡介紹了一項有趣的分析。根據這項分析……

以恭維來回應

　　一般說來，攻擊者想要的是反駁。因此，來自你這一方的恭維會完全出乎他的意料。特別當你的對手擺出優越、自大的態度時，你正可用令人意想不到的回應讓他思緒錯亂。

---

15 Joachim Bublath，德國物理學家、電視節目主持人。

攻擊	如果你聽了我說的話就哭哭啼啼，在我們這裡你絕不會有出息！
回應	我很欽佩你的自信與判斷力！
	或是：
	你願意與我分享你的人生經驗，我覺得真是太棒了！
	或是：
	感謝你如此充滿同情心的建議！
	或是：
	你的建議無比珍貴！
	或是：
	你的智慧讓我印象深刻！

用「啊，喔」讓對手感到意外

如果想不出什麼有創意的回答，「啊，喔」也足以充作答案。在那之後，你再繼續回去談事實主題。

攻擊	你真的很沒腦子。你根本是個廢物！
回應	啊，喔？
	或是：
	喔、喔！
	或是：
	真的假的？

假裝聽錯了

你得模仿重聽人士的反應，並且「笨拙地」複述問題。如果你想防禦冷嘲熱諷、蠢話或羞辱，或是對於繼續對話下去興趣缺缺，這時特別適合使用這一招。

攻擊	你簡直是兩隻腳站在雲端（意即「想入非非」）。
回應	用兩隻腳站好，這點很重要。因為你老是如入無人之境跑來打擾我。

攻擊	我再也聽不下你的廢話！
回應	聽審？誰被告了？這裡有在進行審判嗎？

攻擊	為何你一直懷恨在心？
回應	懷？你想讓誰懷些什麼嗎？

萬一遇上傷害性的言語攻擊：要求道歉或遠離情境

萬一有攻擊者對你嚴重地羞辱，或是用其他方式傷害你的自我價值，建議你，用明白、清楚的口吻及堅定的態度畫出你的底線。請展現你個人全部的威嚴。你可以先說：「我絕不容許你侮辱我！」接著再說：「我正等待你的道歉！」

在這樣的情況下，來段強勢談話是合宜的。請你盡可能自信、穩健地表達出你的回應。縱使對手沒有立即接受你道歉的要求，他也會牢牢記住，他不能用這種羞辱、傷害的方式來對你無理取鬧。

萬一你遇到一個易怒的人，他可能隨時隨地會抓狂，或者，萬一具有傷害性的攻擊是由酒精或毒品激發，這時最好的處理方式莫過於，善待你自己，直接離他遠遠的。

練習機敏應答的秘訣

請先從你感覺特別良好的狀況開始，接著再一步一步增加難度。請試著在機敏的回答中製造一些正面的內容。

日常生活中可以訓練機敏應答的時機

1）職場的訓練場合

⦿ 會議、談判或其他工作場合

- 報告時的討論
- 對話與交涉
- 培訓課程與研討會
- 午休或其他休息時間的非正式討論

2）私人領域的訓練場合
- 固定聚會
- 與朋友或熟人討論事情
- 與自己的家人聊天（當心！）
- 與鄰居討論事情

3）其他訓練場合
- 政治團體的集會
- 家長會
- 一般進修中的課程與研討會
- 利益相關團體裡的工作小組或委員會

小提示

在訓練的時候，你可以立刻檢驗自己是否有能力應用機敏應答技巧防禦不公平的攻擊（參閱第 272 頁起）。

7 五句技巧——帶出訊息的重點

用自己能理解的方式來陳述，總能陳述得好。

莫里哀

本章內容一覽：

1 何謂「五句」？
2 準備的秘訣
3 最重要的五句結構
4 附記：注意證據的品質

　　如果想在艱困的辯論中保持穩健與說服力，言詞陳述就必須結構嚴謹、目標明確。思想藍圖（五句）可以幫助你簡潔又準確地表達出你的核心信息。情況不論是可以預先準備或是必須臨時上場，它們都能派上用場。

　　例如：

● 電視訪談中，記者問你對於 X 產品的不良品質你有何解釋？

● 會議中，主管問你對新架設的網站有何看法？

● 私人聚會裡，「伊拉克衝突」引發在座人士熱烈討論。這時你想對此表達一下立場。

● 你正準備出席一場專家論壇，你在想該如何才能最妥善地表達出

你的核心信息。

● 主管會議裡介紹了一項新的行銷計畫,你在討論中想表達對於這項計畫的幾點批評。

在以上這些或其他類似情況裡,五句技巧 [16] 可以讓你的言詞陳述具有完整的結構。在我的訓練課程裡我總是一再見到,借思想藍圖之助可減少大部分個人的壓力。

❖ 1 何謂「五句」?

「五句」是針對目標的論述結構圖,建立在以五個步驟將自己的意見或相關面向完整表達出來,方式簡潔有力、合乎邏輯、目標明確。視情況與場合的差異,可以分別採取不同的五句話模式。你將在本章中學到其中最重要的模式。

每種五句模式都包含了「導言」、「主要部分」與「結論」幾個階段,其中主要部分又包含了三個論證步驟。這麼做的目的,不外乎讓交談對象可以領會我們的思路,並且隨時都能找到主軸。一般說來,中心陳述會擺在論述的結論。

小提示

五「句」這個概念有點誤導的成分,因為這五個辯論步驟的每一個,原則上都是由許多句子組成。因此在以下說明中,這代表了「步驟」或「階段」的意思。

你可以藉助下面的一覽表了解個別步驟的意義:

---

16 Helmut Geißner: *Rhetorik und politische Bildung*. Frankfurt a.M. 1993.

五句技巧的基本格式		
第1步	導言	進入情境……
第2至4步	主要部分	三個論證步驟……
第5步	結論	中心陳述、主旨……

說明

第1步：根據不同情況可以有不同的開場，你可以連結到某個討論內容、引入一個新的觀察面向，或是回應某個被提出的問題。

例如：「請容許我針對你建議的解決方案提出三點評論……」；「在技術方面，我們有兩項獨有的特色……」；「完全沒有被提到的一個重點是……」；「我們的服務理念總是以顧客為取向……」

第2至4步：分成三個層次的主要部分包含了根本的論證（＝推論）。這三個步驟可以採用不同的排列組合。論證旨在提供可證實主旨（中心陳述）為正確的證明。

第5步：最後一個步驟包含了最重要的陳述，因此被稱為主旨。在文獻裡也有人稱為「宗旨」或「針對目標的核心信息」。藉由這個步驟，核心信息會被凸顯、強調，並且有助記憶地總結。至於這個步驟裡的最後一句話，不妨以呼籲的方式來表達。

例如：「因此，為了採購新的筆電，我們應該通過這筆預算。」；「因此，你們新架設的網站在我們團隊裡獲得相當好的評價。」；「我的結論是：應該調整政策，藉以改善教師資格，並且讓班級的規模可以縮小百分之三十。」

◆ 2 準備的秘訣

構思五句的時候，最好先從主旨（核心信息）開始。這當中涉及到將你的論證精髓濃縮成簡短的陳述。在你找出了自己的主旨後，便可接著尋找適合的論據與例證。當這些工作都完成後，最後再去構思你的開場。

夥伴取向和目標取向的原則可以確保你論證的說服力：

● 只提出支持自己的主旨的論證。
● 考慮哪些論據在你的對手眼裡（可能）最具有說服力。
● 盡可能以對手的經驗世界裡的例證和對照來佐證抽象的論證。
● 論據限制在最多三項。對短期記憶而言，三項論據還在我們可以
　妥善消化的範圍裡。
● 在提出三項論據時，將次佳的最先提出，最佳的最後提出。
● 無論如何，請留心對手的語言水準。

❖ 3 最重要的五句結構

● 立場模式
● 序列模式
● 環扣模式
● 辯證的五句模式
● 妥協模式
● 問題解決模式

小提示
　　在第十三章裡，你會找到針對在廣電節目裡發表聲明的五句結構，
它有將這些媒體的特性考量在內。

立場模式
　　如果你想讓對手清楚了解你的立場、為何你贊成或反對某事，你不
妨採用立場模式。在這個五句結構裡，你刻意放棄去和反對理由爭辯。

立場模式
1. 立場／論點
2. 論證

> 3. 例證
>
> 4. 結論
>
> 5. 主旨

序列模式

　　序列模式是立場模式的變形。依據目標設定的不同，你可以在開頭先表明立場或只是點出主題。在第 2 至 4 步裡，接著「附加」三個可以支持你的主張的論證步驟。你可以藉由例如「第一點……、第二點……、第三點……」或「一方面……、另一方面……、除此以外……」等方式序列出各種面向（正因如此，這種類型被稱為序列）。和其他的五句結構一樣，序列模式也是以主旨做結。

　　在美國，人們經常會應用這種簡單的模式：「乍聽之下，你提出的解決方案似乎還不錯。只不過其中有三點倒是讓我有點傷腦筋。第一點……、第二點……、第三點……。因此，我們應該再研究一下實際進行時會遭遇的風險。」

> **序列模式**
>
> 1. 進入情境
>
> 2. 第一點……
>
> 3. 第二點……
>
> 4. 第三點……
>
> 5. 主旨

環扣模式

　　在環扣模式裡，三個論證步驟處於在邏輯或時序上環環相扣的關係。這些在主要部分裡的論證步驟，也可以用事實邏輯的方式環扣起來，例如：

- ◉ 很顯然……
- ◉ 因此……
- ◉ 職是之故，理所當然地……

同樣的，在環扣模式裡，你也可以在第 1 步中點出你的立場，或是先不要表明立場。如果遇到充滿情緒性的主題，最好採用較謹慎的類型。

環扣模式（時序性）
1. 進入情境
2. 過去……
3. 現在……
4. 未來……
5. 主旨

辯證的五句模式

辯證的五句模式有別於立場模式，這裡你藉由一步一步評析正反意見，推導出自己的立場。如果你傾向於贊成的一方，你可以將第 2 步與第 3 步對調。

辯證的五句模式
1. 破題
2. 論證（支持）
3. 論證（反對）
4. 結論
5. 主旨

妥協模式

另有一種與辯證的五句模式結構相似的，稱為妥協模式。在這類型裡，你明白地援引兩（或多）人（或團體）的看法，並且在衝突的意見中確認彼此的共同點。你的論證總結（主旨）則可以做為接下來繼續討論的基礎。

妥協模式

1. 進入情境
2. 立場 A
3. 立場 B
4. 第三條路
5. 主旨

問題解決模式

最重要且最全面的五句結構當推所謂的問題解決模式。它的內部結構就宛如希波克拉底所形塑的醫學，包含了「診斷」和「治療」。

這種論證結構的特點之一是：你不從自己的立場著手，而是一步一步將你的對手引往你建議的解決方案。遇到要提出新的解決方案的情況時最好採取這種模式，否則你的對手可能會立刻停止溝通，不再接受你的論證與建議。

問題解決模式

1. 實際情況不夠完善
2. 目標（要達到什麼狀態……）
3. 解決方案的選項
4. 解決問題最好的方法
5. 主旨／敦促

在第 1 步裡，你先診斷一下實際情況，繼而確認這當中隱含的問題、困難、弊病或設定值偏差，最後再指出，如果不有所因應的話會造成什麼後果。如此一來，你便可成功吸引對方注意到要改善現狀。

在確定目標這個步驟裡涉及到什麼是值得追求的，解決方案的選項則是在下一個步驟中提出。你可以根據各種標準來評價這些選項。第 4 步的主題則是解決問題最好的方法。請針對你的建議敘明理由。最後，這個五句結構是以敦促交談對象做結。

以問題解決模式做為問題掃描器

如果你想徵詢交談對象的意見，問題解決模式同樣也能對你發揮很大的助益。在這當中，你可以更進一步檢驗問題：

- 認識他人論證裡的缺失與「漏洞」：你對現狀有什麼看法？你認為癥結出在哪？（檢驗問題：你是如何得出如此評斷？你的資訊來源是什麼？學界對此有何看法？專業人士對此有何看法？）
- 哪些目標值得追求？（檢驗問題：這些目標務實嗎？這些目標是屬於多數意見嗎，換言之，有可能被多數人接受嗎？你希望最遲何時能達成這些目標？）
- 在你看來，有哪些措施或解決方案可以促成目標？（檢驗問題：這項措施是最好的嗎？學界對此有何看法？過去的經驗透露了些什麼？建議的解決方案是否有足夠的財源可供執行？建議的解決方案是否符合諸如憲法、司法或企業經營哲學等更高一級的價值與規範？）

◆ 4 附記：注意證據的品質

一場公平辯論的核心在於，參與者當中誰能提出更好的證據。因此請你預先構思好，如何才能確保你自己的主張（＝論點）。為此，我們進入了上述五句技巧的核心。

你在以下可以找到可提出的證據列表，以及如何組織這些證據的建議。

可提出的證據（＝論據）
- 你個人的人生經驗或遭遇
- 事實、數據、調查報告、研究成果
- 專家或學者的意見
- 參照對象（成功的計畫、企業、個人、國家等）

- 你的建議所帶來的益處
- 獨特賣點
- 源自倫理、道德與法律的規範
- 實例、圖片、對照表（藉此來做說明）

　　你可以根據證據的重點有多大程度是屬於理性、感性或倫理道德層面，為這些性質明顯不相同的證據分類。準此，便可得出以下幾種論證類型：

1. **理性的論證類型**：諸如數據、研究成果、經驗調查、條款、邏輯結論等偏向邏輯分析的證據會被拿來引用。
2. **感性的論證類型**：焦點擺在向對手做個人、情感的訴求。可以援引以下證據來論證：
   ─感性的事例與對照；
   ─個人的經驗；
   ─個人的際遇以及對未來的恐懼（例如失業、治安問題、環境災害等）；
   ─幸運、熱情、希望、光明的前景。
3. **倫理道德的論證類型**：適用於這種類型的典型證據有：
   ─憲法、法律或聯合國憲章隱含的價值；
   ─備受推崇的人物所說的話；
   ─諸如正義、環保、道德責任、公平等倫理道德標準。

　　一般說來，這些論證類型在日常生活裡多半會混合使用。你不妨依據主題和目標，在理性的論證中酌情搭配生動的事例或道德的價值。

　　請始終牢記：提出主張的人負有舉證的義務！這條要求一方面對確保你的論點很重要。因此，在篩選自己的論據時，請你反問自己，在對手眼裡，哪些證據可能具有最高的意見形成力與可接受度？

　　另一方面，始終留心對手提出的證據品質，也是屬於辯證正、反的一環。反問是取得不可或缺的明晰性的最好手段。千萬別被對手的修辭

影響，務必始終專注在對手闡述的事實內容上。

五句技巧的三個練習

1. 立場模式

請藉立場模式針對「核能」主題組織出你的意見。在準備時，不妨利用第十七章第 259 頁所附的工作表。

2. 辯證的五句模式

請藉辯證的五句模式針對「高速公路的速限」主題組織出你的意見。在準備時，不妨利用第 260 頁所附的工作表。

3. 問題解決模式

你的同事表示，希望能以「如何做一場有說服力的報告」為題舉辦一場內部研討會。你想說服老闆，請他資助這場活動。在準備時，不妨利用第 261 頁所附的工作表。

實用秘訣

先錄下為五句準備的關鍵詞，然後檢驗一下成果。接著持續反覆練習，直到你對成果滿意為止。

小提示

你可以在這本書的自我訓練部分裡找到一列了一百個主題的表單，不妨利用這份表單來練習（第 262 頁起）。

8 柔性且有效地處理異議

本章主題：
1 將異議視為契機
2 柔性且有效地處理異議
　一積極地（分析地）傾聽
　一稍事休息再思考
　一反問
　一爭取時間
　一按照自己的意思處理異議

　　想要取信於人，需要有能力有效地辯明他人的異議和主張。關於這一點，無論是在私底下面對面勸說，或是在會談、會議或研討會等場合，全都一體適用。

> 千萬別把異議（「批判性的問題」與「反對理由」）視為對你個人做的攻擊。

　　這個辯論的構成顯示，處理異議的良好技巧需要的並非只有專業能力與機敏應答而已。就心理學而言，最需要留心的幾個重點莫過於：避免不必要的緊張、保持平衡的態勢、設法讓對手接納。

　　遇到異議、批判性問題或反對理由時，萬一你將對方的陳述誤解為對你的人身攻擊，你很容易就會陷入龐大的壓力。此外，異議涉及到的

究竟是完全反對的立場，抑或只是涉及微不足道的疑慮，這在處理上也會有差異。例如「我們研發部得出的結果和你們的研究成果截然不同」，這樣的異議當然比「我還是不了解你們的軟體有什麼額外的效用」這樣表示來得難處理。

小提示

本章與第四章（熟練地與不公平手段周旋）有部分差異。這關係到細節上不易清楚區分，涉及的究竟是（令人不悅的）異議、抑或是惡意的攻擊。

❖ 1 將異議視為契機

一般來說，異議和批判性問題是正面的信號，那表示對方對於你提出的產品或解決方案感興趣。至於異議是否有理由，其實無關緊要，關鍵在於別讓自己因對方說「不」或表達擔憂和疑慮而不安。對方的質問、反駁與懷疑，都屬於說服的手段。對方之所以會有異議，是因為你的推論在他看來還不是理所當然。

交談對象可能會基於下列原因提出異議：

- 對方可能因為知識不足或是理解上有困難。例如他或許想多了解產品的特色、效用，或獨特賣點。
- 對方可能（出於良善的動機）想要完整檢驗，解決方案是否可行、是否較其他競爭方案優越。
- 對方可能想要找出，這樣的價格在什麼樣的範圍內還算合理。
- 對方可能想要讓你舉證困難。他可能會使用不公平的招數，藉此挑發你的自卑感，並改善他在談判上的地位。我們已經在第四與第五章討論過這類惡劣、操弄的伎倆，因此在這裡不再討論這種型態。

　　如果你想說服交談對象，請時刻牢記兩個（不以處理異議的特殊技巧為前提）重要的提示：

1. 以正面態度回應異議

　　無論如何，請避免爭吵。請尊重對手的不同意見。基本上，反對理由、質疑與異議，多半和對手具有不同觀點、視野或資訊（往往是較為落後或不足）有關。

2. 把自己的角色想成關係管理者

　　請謹記，在對話和討論中，不要只關注你的論點與論據的品質（「事實層面」），還要特別顧及你自己對待他人的批評或不同意見的方式與方法（「關係層面」）。如果你想以「柔性」且「有效」的方式對待異議，最好讓自己肩負起關係管理者的工作。

◆ 2 柔性且有效地處理異議

　　下述的階段綱領以簡化方式表示，就心理方面來說，我們應該如何「正確」而有效地處理異議。

　　個別的階段：

積極地（分析地）傾聽

　　這個階段目的在於理解異議的事實內容、表現關注的興趣、營造有利合作的氛圍。重要關鍵點是：

- 盡力迅速找出異議的核心。在對理解進行檢驗時，請留心各項前提、證據與後果。你可以考慮一下，是否真有必要對異議做仔細的研究。你也可以僅只表示知曉，而不去細究異議。
- 分析異議背後（可能）的動機：

　　一是否對方想挑釁你，換言之，異議是種伎倆？

　　一不同意見的表達究竟是基於對事實的觀點，抑或是為了維護顏面？

- 請保持從容與鎮定：眼神平靜、坐姿端正、不要有焦躁的舉動。
  一般來說，建議你，在聽聞異議時，切勿大笑或微笑。
- 請仔細觀察對手的表達行為。
- 請允許他人完整陳述。
- 無論如何，切勿讓自己受他人挑釁。

稍事休息再思考

就心理學的觀點而言，這麼做是有益的，因為過於迅速的回答往往會給人虛應故事、心不在焉、不把對方當回事的印象。

再者，稍事休息也可以讓你有機會去決定：

處理異議的階段綱領

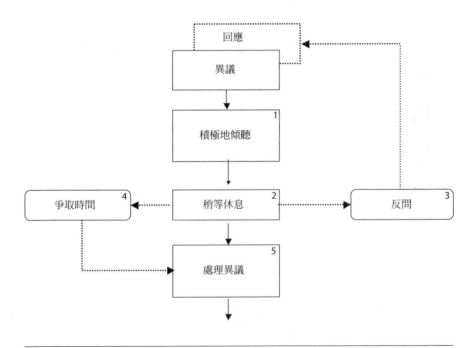

圖六：處理異議的階段綱領

- 是否要提出反問？
- 是否要將時間耗費在這上頭？
- 是否應該立刻答覆異議？

反問

　　直接反問可以給你機會，讓你藉助「受控的對話」去檢驗，你自己是否正確理解了異議。「先生，『與目前軟體的相容性』是破壞這次交易的主因，我的理解是對的嗎？」在這當中，你用自己的話重述對方所要表達的意旨，並且等待對方確認的反饋或補充。

　　除此之外，在處理異議時，藉助提問技巧可以讓你有機會：

- 在籠統的異議中（例如：「你們太貴了。」；「你們的競爭對手供應得比較可靠。」；「市場趨勢剛好往反方向發展。」）探知與動機和背景有關的資訊。
- 探究與釐清諸如「靈活性」、「高品質」或「優良服務」等不確定的概念。例如：「對你而言，『靈活性』是什麼意思？」；「我們究竟該做些什麼才能符合『高品質』的標準？」；「對於『優良服務』你有哪些期待？」
- 探詢對手具體的期待、要求或決策標準。

爭取時間（若有必要）

　　狀況一：在一場充滿壓力的訪問裡，有位記者向你提出了一個令人尷尬的問題，而你並不想立刻答覆。

　　狀況二：在主管會議裡，某位董事出人意料地問及由你們部門所擬訂的革新計畫。

　　特別是在質問或異議突如其來的情況裡，先爭取一點時間，然後再去處理異議會非常有益。這就好比，在飛機著陸前，先讓飛機在機場上空盤旋一下。

　　以下這些技巧經證實有效：

- 你可以針對異議做個引言。例如：「請容許我做個簡短的引言……」；「首先，可以確定的是……」
- 你可以將異議置於一個更大的脈絡裡。例如：「你的異議涉及到企業營運策略的一個特殊面向。我想藉這個機會說明一下我們的策略的中心思想……」
- 你可以提出反問。例如：「能否請你告訴我，你的陳述是基於什麼樣的數據？」；「請問你的陳述是依據什麼標準？」
- 你可以用自己的話總結異議。例如：「我是否正確理解了你的意思，若是……」；「所以說，你認為……」
- 你可以經常利用橋句，如此不僅可以避免「盲目地」對刺激主題自投羅網，更可以為自己爭取時間（參閱第 288 頁起）。

按照自己的意思處理異議

　　請你絕對要避免用一個反對主張去回應一個不合你意的主張。反對、反駁、粗暴地說「不」，這些舉動往往會造成不必要的緊張並引發抗拒的心態。諸如「不，才不是這樣……」、「不，你的資訊有誤……」、「相信我，這在實務上行不通……」等慣用語具有「終局」性質，往往會導致對手的情緒收縮（心理抗拒）。情緒收縮不僅會破壞原本可以有豐碩成果的對話，還會降低別人對你的信賴感，以及你成功說服別人的機會。

應當避免使用的慣用語

- 你完全誤解我的意思了。
- 現在請你仔細聽好我對你說的話。
- 請你體諒一下韋伯先生的立場。
- 如果你有仔細聽的話，就不需要問我了。
- 我很樂意再為你講一遍。
- 我不是跟你解釋過了嗎。
- 不，你錯了。

　　所有優越性與支配性的表現都會引發抗拒，並且會降低交談對象的

接納意願。因此建議你，不要去否定異議，也不要顯露出優越的姿態，應該要以宛如夥伴的方式去答覆異議。請謹記，每個人或多或少都有自我價值感的需求，都有被肯定與被尊重的需求。即使對手提出的異議乍看之下沒意義、不客觀或很外行，上述這一點也同樣適用。

　　「正面同意交談對象」（透過積極地傾聽、肯定、表示理解、有條件地贊同等方式）這項基本原則參酌了上述的動機。付諸實行的方法有：

- 有條件地贊同法
- 改寫法
- 優缺點法
- 參照法
- 拖延戰術
- 搶先法
- 表示理解
- 他人的參與
- 排除

有條件地贊同法

　　先從異議中截取某個面向，並且有條件地表示贊同。接著才以明白易懂的方式去解釋、釐清，或比較你自己的立場：

- 在這方面我同意……
- 我很感謝你提到了這一點……
- 我們經常會聽到這樣的意見。不過，我們倒也別忽略了……

　　這種技巧有一個變形，在被提及的（你並不同意的）面向上添加另一個面向：

- 我了解你的疑慮。討論中經常提到這一點。可否容許我說一說我們公司在這方面的經驗……

改寫法

這種方法就是將異議改寫成正面的問題,藉此去除異議的尖銳性,並且讓討論趨於客觀:

- 如果我沒有弄錯你的意思,你想問,這些風險是否合理?
- 任何技術都有好處和風險,這裡也是一樣。如果我們比較一下評價矩陣裡的各種選項,那麼⋯⋯

優缺點法

任何產品、解決方案都有其強項和弱項。當某個有根據的缺點被提及時,建議你,老老實實地承認此缺失。此舉不僅可以提升你的可信度,而且完全不會降低你成功說服客戶的機會。誠如圖七所示,此時涉及到提出足以平衡缺失並能促成贊成決定的優點。如果你的對手接受了這三項優點,他便會在正反面向之間做出趨於正向的衡量,而這項衡量的結果,將成為他做決定的基礎。

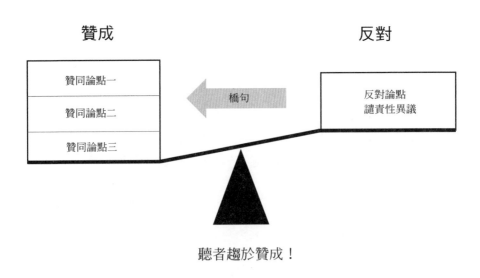

圖七:優缺點法

　　這種方法的技巧在於不屈從於對方提出的缺點（例如風險、弱點等等），而是以透過論理來建構平衡力（例如優點、機會等等）的方式回應：

- 沒錯，這個價格是比 A 廠報的高了將近百分之十，然而這個方案會給環保帶來很可觀的額外益處。確切來說⋯⋯
- 從第一眼看來，核能發電似乎價格低廉。然而能源革命已表決通過，這將帶來許多好處。確切來說⋯⋯

參照法

　　這種方法必須借用可資參照的其他企業、組織或國家的知識與經驗來論證，當然，你也可以援引專家的說法或在對方眼中可能頗具說服力之人物的觀點：

- 非常感謝你的提問。在擬訂 XY 計畫時，我們已經採取下列方式，解決了你所提及的問題⋯⋯
- 關於這個領域的未來發展趨勢你問得很對。在最近一次 CeBIT 上，佛勞恩霍夫研究所的評估已經證實⋯⋯
- 你擔心，一旦實行這項計劃，將會引起員工很大的不安。在此我請你放心。事實上有許多企業的前例可循，及早讓關係人參與，初步實行階段便能妥善控制⋯⋯

拖延戰術

　　在這種型態裡，異議會被賦予正面評價，並且被擱置到稍後的時間點答覆：

- 你提及的面向很重要。你是否同意，等我的報告進行到下一個階段再回過頭來答覆你？

　　如果你把問題丟給別人：

- 我並不打算冒險回答你提的特殊問題。我建議，這個問題就交由

我們的專家來解釋，最遲明天中午以前你就會收到答覆。不曉得你是否同意如此安排？

搶先法

在許多情況裡，如果你能搶先一步提出別人可能會提出的異議，這對你的可信度與說服力會有很不錯的加分作用。特別是那些嚴厲的聽眾，往往會讚賞這種雙面論證。不過，請小心：別吵醒沉睡的惡犬！

表示理解

表現出你能理解對方的判斷或要求。表示理解是表達尊重的簡單舉措，可以拉近你和對方的距離。請始終牢記，批評與異議往往只是因為你的對手具有不同的觀點與視野。你可以採取合作的態度處理異議：

- 我完全可以理解你的觀點。只不過因為某些研究結果，促使我們採取另一種途徑⋯⋯
- 我完全可以理解你在乎的點，也很樂意將它實現。可是我們必須遵照聯邦環保部的規定⋯⋯
- 我完全可以理解你對時程延宕的不滿。請你給我個機會，好好解釋一下期限問題。
- 我能理解你剛剛表達的憂心，也很樂意向你說明一下其中原委⋯⋯

你也可以先釋放出理解的信號，接著再提出一個開放式問題。

異議	請你先把你的計畫寄給我！
回應	非常樂意。究竟哪些點對你而言特別重要？

異議	我們還想先等競爭者的報告。

回應	這我能理解。何時我可以再與你聯絡？
	或是：
	這我能理解。究竟有哪些地方至今還懸而未決？
	或是：
	這我能理解。我們非常樂意參與品質競賽。有哪些問題是我們還需要處理的？

他人的參與

在某些溝通情況，例如開會或是做報告，將問題轉給其他參與者會很有效：

- 施耐德先生，我想，這個問題和你負責的領域比較有關……
- 你們對這個問題有何看法？

排除

如果異議或問題與主題或議程並無直接關聯，不妨禮貌性地婉拒，並且將討論轉移到別的事情上：

- 這個問題已經超出這次會議的範圍，如果……
- 對此我現在還不方便說什麼，畢竟我們現在還在形成意見的階段……
- 我並不想大膽地回答你這個與技術細節有關的問題。可否容我為你聯繫我們研發部門的專家？

實用秘訣

在為自己的辯論準備時就事先考慮好，你想要如何回應可能的異議。將一些困難的異議連同答案記錄在紙卡或電子設備裡並隨時更新，這麼做很有用。如果是團隊工作，你可以將異議和回應的列表建立在一個團體共用的介面上。異議卡是一項好工具，能幫助你減輕對困難異議的恐懼。

9 在壓力情境下自信提出論點的基本技巧

　　如果你想在辯論中鎮定而穩健地搞定壓力狀況，除了前述的前提條件外，你還需要一些特殊的基本技巧。

細目涉及到：
1 提問技巧
2 傾聽技巧
3「我信息」

　　這些技巧曾在前面的章節裡稍微提及，本章會更清楚地說明。

❖ 1 提問技巧

　　俄國的俗語說：「多話的人學得少。」在困難又充滿壓力的對話和討論裡，熟練的提問技巧可以為你帶來許多機會：

- 藉此檢驗反面論證的可行性。
- 藉此獲得與交談對象的「世界」有關的資訊。例如對方的立場、預設、亟待解決的問題、瓶頸、興趣、決策標準等等。
- 藉此推動或控制對話或討論的進行。

- 如果對方引用了歧義、抽象的概念，你可以藉此探詢對方的真意。例如：「對你而言，在實踐上何謂『以客為尊』？」；「你所理解的『企業識別』究竟是什麼？」
- 藉此將行為的權柄再奪回你這邊——問話的人主導。
- 藉此爭取思考的時間。

> **蘇格拉底的提問技巧（「接生術」）**
>
> 蘇格拉底（西元前四六九至三九九）創出一門在問答遊戲中進行對話的技藝。對他而言，這與尋求真理及說服他人有關。他把這門對話的技藝視為思想的「接生術」。它先讓交談對象把「孕育」的思想表達出來，接著再來檢驗、反駁、修改或更正，進而讓它們逼近真理。蘇格拉底並不想教導，他只想刺激對方，讓對方自己去尋找問題的最佳解答。此外，蘇格拉底這套方法的目的也在於藉由前後一貫的反問去揭穿「偽知識」，從而讓人了解，承認無知是追求真知的前提。

最重要的問題類型一覽

開放式問題

　　大多數的「為什麼」問題都屬於此類。這類問題的特徵是：無法用「是」、「不」或三言兩語來回答。它們賦予被提問者自由發揮的空間。因此會讓人感覺比較像是在激發，而不是在逼迫。

- 請問你在○○方面有些什麼經驗？
- 你覺得情況如何？
- 對於○○你的理解是什麼？
- 這件事你怎麼看？
- 你的判斷標準是什麼？

封閉式問題

　　原則上這類問題的答案被限制在「是」或「不」。封閉式問題賦予

作答者的轉圜餘地很小。一般來說，這類問句是始於動詞，不具備開放式問題那樣的激發價值，被提問者往往會感到受操控或被逼迫。儘管如此，誠如以下範例所示，這樣的問題還是具有一定程度的重要性：

- 你是否曾在去年參加過某個訓練課程？
- 你是否同意這樣的程序？
- 你覺得這份主題清單完整嗎？
- 你喜歡這輛車嗎？
- 明天早上十點半你方便嗎？

調度問題

這種問題類型旨在轉換「賽場」：

- 讓我們先討論一下初始狀態，不知你意下如何？
- 沒錯，確實有一些有根據的環保論述，這點我同意。不曉得你願不願意先討論這項計畫的經濟效益，接著再……

反射問題

這類問題不僅可以促進雙方陳述的內容無扞格地相互契合，還可以提升對方的價值：

- 所以說，你是認為……
- 如果我沒有誤解你的意思，你是認為……
- 所以你認為這種情況是可以想像的？

其他問題類型

- 決定與選擇性問題
- 詐誘性問題
- 「是」的問題
- 暗示性問題

決定與選擇性問題

這類問題要求被提問者決定立場，看是要選擇 A 答案還是 B 答案，或者看是喜歡或拒絕這個或那個。

詐誘性問題

提問者旨在檢驗你的知識水準，或測試你會有多大的不安。屬於詐誘性問題的範例有：

- 讓你陷於舉證困難的「檢驗性問題」：提問者曉得些什麼，不過他想要查明，被提問者是否也曉得那些事情。
- 往往旨在引誘人誤入歧途的「假設性問題」：「如果你的建議像狗吠火車，那該怎麼辦？」
- 基於錯誤的前提提問：「你從何時開始不再打你老婆？」

「是」的問題

被提問者對於所提的問題只能回答「是」。根據一項對於銷售對話相當重要的假設，一個「是」的回答有利於帶來更多「是」的回答！請謹慎使用。

暗示性問題

提問者會藉由他的提問表示出自己的意見。

- 你一定也認為……

契合心理學的「正確」提問：
- 每次只提一個問題。
- 提問簡短、清楚、易懂。
- 將自己置換到對方的立場（例如對方的「世界」、教育程度、需求等），並且以適合對方的形式提問。
- 給予對方思考時間。如果可能的話，以別種方式重述問題。幫助對

方理解。

● 與顧客交談時稱呼對方的名字。

● 敦促（繼續）發言：「可否請你為我說明得更清楚一點？」;「我很有興趣聽聽你的經驗……」

● 善用「開門裝置」如「哦」、「嗯」、「有意思」、「真的嗎？」、「這點我很感興趣」。這些用語可以激發人做更多、更深入的陳述，不過同樣也可能會誘導人犯錯，或是提出薄弱的論述與證據。

● 就心理學的角度而言，請始終牢記：相較於別人陳述的理由，人們往往更容易被自己（透過對方的提問！）找到的理由說服！

附加幾點實際辯論秘訣

以提問代替陳述主張：

● 你認為你的員工們的士氣如何？

　代替原來的：你的員工們簡直像洩了氣的皮球！

● 這件事你通知了誰？

　代替原來的：這件事你肯定通知了不對的員工。

如果有不理解的地方，請再次提問

● 對你而言○○意味著什麼？

● 你所說的○○究竟是什麼意思？

● 這一點我不明白。

● 如果能夠舉例，或許可以幫助我更妥善理解你所說的內容。

問明客戶的想法與要求

● 請問你特別感興趣的是什麼？

● 請問你想存入多少錢？

● 複述客戶的陳述。客戶：「這裡我需要些遮蓋的顏色。」你：「你需要些遮蓋的顏色？你有什麼想法嗎？」

● 我聽出來，你似乎對 XYZ 特別感興趣。

● 我還能為你展示／提供些什麼嗎？

問答程序

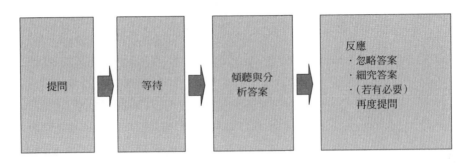

圖八：問答程序 [17]

以提問方式表達你的發想

● 如果……，那會怎樣？

● 這會有什麼後果？

● 如果……，情況會如何？

● 萬一……，會發生什麼事？

● 萬一……，最壞的狀況會是什麼？

藉助提問抬高客戶的價值

● 我很期待從你身上學到……

● 我對你所說的很感興趣。

● 我很期待得知你的評估。

● 你對於這個問題的看法對我來說很重要。

❖ 2 訓練積極傾聽的能力

藉助一對傾聽他人的耳朵，最能取信於人。

迪恩・魯斯克（Dean Rusk）

---

17 參閱Siegmar Saul: *Führen durch Kommunikation. Mitarbeitergespräche strukturiert, motivierend, zukunftsorientiert*. Weinheim, Basel 2012.

　　提問技巧的潛能唯有積極傾聽的配合才能發揮作用。沒有補足這項基本技巧，便無法有效回應他人的陳述、異議，甚或非就事論事的手段，更遑論將僵局再次拉回到有建設性的軌道上。

不良傾聽的原因

- 以自我為中心、獨斷的基本態度
- 欠缺移情能力
- 缺乏耐心
- 可能伴隨著內心對白（例如：「反正對方什麼都不懂！」）的成見
- 強烈的自我表現慾

　　以下是一個與以自我為中心及移情能力有關的例子：

　　在一場會議前，你的銷售部同事對你說：「如果我今天在開會時恍神，請你見諒！因為我昨晚才剛從洛杉磯回來。」一個有移情能力的交談對象會如此回應：「這肯定是因為時差和長途飛行所致。我們這裡與加州的時差是幾小時？」一個以自我為中心的交談對象會立刻談論自己的經驗：「去年我從紐西蘭回來的時候，我就完全沒有時差的問題……」

　　什麼是良好傾聽的重要前提？

　　對於對方及其談話內容，請展現出興趣。請你百分之百地將注意力放在交談對象身上：

- 和交談對象眼神接觸。
- 當對方說些什麼時，請不要立刻與對方爭辯。
- 始終留心地去理解陳述內容。如果有什麼不明白的地方，請再次提問。
- 讓對方完整陳述。
- 用非言語的方式向對方顯示你在傾聽。例如以記筆記、微笑、點頭或搖頭等方式回應對方的陳述。
- 也可以用言語回應對方的陳述，例如使用單字句，如「是」、「喔」、「這樣啊」、「嗯」、「好的」、「好」、「我懂」等，或是使用完

整句，如「你所提的事我前所未聞」、「這聽起來不錯」、「這很有
道理」等。

◉ 如有必要，不妨以非言語的方式激勵對方繼續陳述，例如點頭、
搖頭、皺眉或抬高眉毛等舉措。

◉ 敦促對方陳述：

　—我想知道你有何疑慮？

　—可否容許我詢問，你做決定的標準是什麼？

　—請你更詳細地說明，你打算如何實行這項計畫？

實用秘訣

　　對方陳述完之後，請先默數三下，接著再開始做你自己的陳述。延
遲開始這項簡單技巧可以幫助你更妥善地傾聽，因為它能讓你輕鬆地接
收、理解，並慎重回答對方的想法；尤其在充滿情緒性爭辯的情況。

❖ 3 善用「我信息」

　　藉助「我信息」，你可以透露給交談對象，對方的行為舉止在你身上
引起了什麼樣的情緒、感知或想法。這些情感可能中性的，也可能是正
面或負面的。透過這項對話技巧，你可以告知對方，你對於對方的溝通
態度有何感受。

　　遇到有壓力或發生衝突的時候，「我信息」尤其重要。為了彌平衝突
及維繫對話，你必須放棄以「你信息」（在職場上為「您信息」）的形式
來表達：

◉ 之所以會出錯，全都要怪你！

◉ 你的反應之所以如此情緒化，全是因為你內疚！

◉ 是你不讓我把話講完！

　　你的交談對象會因為「你信息」而感到自己被攻擊、被挑釁，或自
我價值被貶低。後果便是對話氣氛趨於惡劣，大多時候往往會進而演變

成爭吵。

相反的，在使用「我信息」的情況裡，你只陳述自己的感受，並且放棄去對他人做負面評價。如果有人以例如「你簡直是在胡說八道」這樣的話攻擊你，可能的「我信息」或許會像：

- 我覺得你待我不公平。
- 我無法承認你的陳述是公平的。
- 你以這樣的方式攻擊我，我覺得並不公平。

做這類反應時請留心，對方可能完全沒有察覺到，他以這樣的表達方式在攻擊你。你用「我信息」向對方反映他的行為舉止帶來的影響，藉此提供對方機會自我反省，並修正自己的言行舉止。

益處：
- 攻擊者無法以「才不是這樣」來回答你所說：「我覺得你待我不公平。」
- 「我信息」具有降溫效果，因為它不會公開地譴責對方。
- 當作橋句使用，「我信息」可以中和不公平的攻擊（參閱第四章）。

三個應用範例：

你信息	你根本不在行！
我信息	你的論述並沒有說服我。 或是： 你的做法出乎我的意料之外。

你信息	你一點概念也沒有！
我信息	我無法理解，為何你會選擇這樣的解決途徑。

你信息	誰看得懂你的專業中文！
我信息	我很擔心，我們的客戶在理解這些專業的內容上會有困難。

　　當你想要表達贊同之意、增進與對方的關係、提升同事的自我價值及士氣，正向的「我信息」總是扮演著相當重要的角色。

　　最後附上幾個正面與負面的「我信息」修辭範例：

正面感受的「我信息」：
- 我很高興能與你共事。
- 你對我們訓練課程的意見，我很樂意洗耳恭聽。
- 我覺得，你找到的解答很有幫助。
- 我很樂意考慮我們共同的計畫。

負面感受的「我信息」：
- 對於我們的合作，我很憂心。
- 對於……我感到很失望。
- 我覺得很窘迫，因此難以坦率表達出自己的想法。
- 我很擔心這項錯誤會危及我們的良好合作。
- 我覺得在這種狀況下很難與你共事。

II

在特定壓力情況下，
成功論據的策略

10 會議與討論裡的困難狀況

你在本章裡將學到：

1 身為主持人的你如何有效指揮會議走向目標

2 身為主持人的你如何克服困難狀況

3 身為參與者的你如何克服困難狀況

　　會議與討論 [18] 是不可或缺的領導工具。我們可以透過認識參與者的觀點和利益，同時促進參與者的士氣及團隊合作能力，進而利用參與者的經驗、創造力及判斷力去解決各種難題。

　　如果想要達成上述的目標，主持人和參與者不僅必須具備必要的開會技巧，還必須有能力處理各種困難狀況。

　　在以下，你首先會學到身為會議主持人不可或缺的指揮技巧。針對會議主持人和參與者過往經驗中覺得特別困難的狀況，我也會緊接在其後提出最妥善的處理建議。

◆ 1 主持人的指揮技巧

　　除了個人權威與專業能力，一個好的主持人不僅要有能力以有組

---

18 本章主要是涉及職場中有人主持的會議。其中與主持及處理困難狀況有關的實用秘訣，同樣可以廣泛應用在有觀眾在場的研討或辯論。此外，在第十三章裡還可以找到針對電視媒體特性所給的特別提示。——原注

織、針對目標（線性議程），及激勵參與的方式引導討論，而且還要有能
力有效且預先化解各種不公平的攻擊。如果會議主持人越能夠引領會議
往目標邁進，並且兼顧與會者在情緒及社交方面的需求，會議便會越成
功。要想做到這一點，就必須在「事實層面」和「關係層面」上妥善運
用指揮技巧。

駕馭事實層面的指揮技巧

主持人必須本於理性觀點去製造最佳的開場，引導討論過程對準目
標，保障公平且就事論事的辯論。

1. 製造最佳的開場
- 謹慎地準備每一場會議
- 說明會議主題並且明訂會議目標
- 確定會議進行的方式（時間、規則、記錄等等）
- 確認每位與會者都清楚會議的主題

2. 引向目標
- 將會議的過程規劃成各階段（參閱第 150 頁的階段設計大綱）
- 藉助詢問技巧認識與會者的經驗和看法
- 持續關注主題與目標；排除不相關的事物
- 比較不同的意見並整理出共同點
- 如有需要，不妨藉助圖像
- 總結部分成果、總體成果與後續活動

3. 利用公平辯證的技巧
- 區分斷言與證據
- 萬一發言者偏離主題，應適時干預
- 依據報名順序和內容的觀點發言
- 公平地處理衝突及意見相左的情況
- 化解不公平的手段（參閱第四章）

理想的會議階段設計

1. 開場
- 問候
- 說明召開會議的原因及目標；限定議題
- 確定會議的進行方式及規則

2. 現狀分析
- 收集資訊
- 定義問題
- 分析問題與原因

3. 對策研擬
- 收集選項
- 依據標準評價各種建議

4. 結果（視實際所設定的目標而定）：
- 決議的準備，或
- 共同表決（針對部分或全部事項）

5. 計畫執行
- 在落實決議方面什麼是重要的？
- 何人最晚至何時以前必須以何種方式完成何事？
- 誰必須負責通知？諸如此類

6. 結束
- 總結並宣布散會

駕馭關係層面的指揮技巧

以下的指揮技巧主要是考慮到與會者在情緒方面的需求：

1. 表示尊重
- 適當地以名字稱呼與會者
- 保持眼神接觸
- 切勿打斷與會者的發言（例外：與會者發言過多）
- 以合作的態度處理異議和批評
- 確保平等的參與機會

2. 鼓勵與會者
- 提出開放式問題
- 提及個別與會者所負責領域的優缺點
- 凸顯議題上的共同利益
- 留心非言語的信號
- 鼓勵與會者提出建議
- 善用說話停頓以鼓勵與會者發言

3. 補充的對話技巧
- 協助理解，主動傾聽，對於費解的事物加以說明
- 自行定義困難的概念
- 遇有意見爭執，給予屈居下風的與會者鼓勵
- 藉由反問來檢查，是否所有與會者都能跟上會議進行
- 身為主持人，發言應以不超過全體發言時間的百分之三十為限

◆ 2 妥善處理困難狀況的建議──站在主持人的立場

身為會議主持人，你應該要有能力處理以下各種狀況。否則你的權威不僅會被危及，還會阻礙良好成果，降低與會者的士氣。

當與會者七嘴八舌，你該怎麼做？

當發言和反駁越演越烈，以致於其他與會者再無機會參與討論，這時主持人必須發出一個明確且強而有力的信號，讓洶湧的波濤歸於平

靜，讓爭論重新回到公平且就事論事的狀態。如果不從頭就控制住這樣的紊亂場面，會越來越難以把爭論引導到具有建設性的軌道上。因此，請你以友善與堅定的態度進行干預。

以下是幾個措辭範例：

● 迴護發言被打斷的與會者：「請你先讓麥爾先生把他的話說完。接著便會輪到你發言。」

● 重申會議的規則：「停！這時候我不得不出面干預。我們不能夠所有的人同時發言。麥爾先生，現在是輪到你發言……」；「各位女士先生。要是再這樣下去，我們的會議恐怕就開不成了！容我再次說明我們的會議宗旨……」；「在這種情況下，我不得不出面干預。如果我們再繼續這樣七嘴八舌地你一言我一語，恐怕到頭來我們的會議會是一場空。鮑爾先生，你是否願意繼續完整敘述你的論點？」

當某些自吹自擂的與會者不願回答他人提出的問題，你該怎麼做？

許多與會者會把會議或研討會（假定為）沒有風險的平台，藉此為自己牟利，或提升自己專屬領域的形象。這些人往往會藉助誇張的手勢和精巧的修辭，自顧自地滔滔不絕講個沒完。他們不會直接答覆主持人提出的具體問題，反而會就某些基本面向或（沒被問到的）一般主題發表自己準備好的聲明。

身為會議主持人，你應該在開始的階段就釋出明確的信號。請你找機會，堅決卻不失友善地中斷對方的發言，並且重申遊戲規則（針對主題扼要地發言！）。以下是幾個有效的指揮技巧：

● 你可以引用多話者的某個關鍵詞，接著透過提問將發言權交給其他與會者：「我很喜歡『客戶關係管理』這個關鍵詞。（對著另一位與會者問）你怎麼看建議的這些措施？」

● 你可以打斷多話者的發言，接著複述一次你確切的問題：「很抱歉，施密特先生，這不是我要問的。我想問的是，對於建議的模

式你有什麼具體的看法？」或「施密特先生，哪些反對理由對你
而言是關鍵？」

- 你可以用友善的態度援引機會平等原則來與自吹自擂的人對抗，
  接著再將發言權交給另一位與會者：「麥爾先生，請你盡可能扼要
  地發言，這樣所有的與會者才有機會提出他們的論點。」

- 如果你事先知道誰有自肥的傾向，不妨在對方發言之前「圓融地」
  提醒對方應扼要發言。

要讓內向的與會者發言，你該怎麼做？

在會議或討論進行中，主持人應該留心，讓那些內向（往往非常有
能力）的與會者同樣有機會參與對話。當其他的爭辯者表現得越強勢，
主持人在這方面的責任就越大。以下謹列舉幾個有效的處理技巧：

- 直接點名那些安靜的與會者：「穆勒博士，就妳們研究部門的角度
  來看，妳怎麼評斷這些風險？」

- 引用某篇報章雜誌的文章或某則其他的新聞來提問：「舒曼先生，
  對於中國市場最新的景氣預測似乎與上一季一樣不太樂觀。你所
  推估的營業額究竟是否依然與現實相符？」

- 利用內向與會者的肢體信號（例如搖頭、懷疑的表情、貶抑的手
  部動作等）為提問的施力點：「麥爾先生，你搖了頭。請恕我妄自
  揣測，你似乎有不同的意見。」

討論受到不公平的手段影響，你該怎麼做？

萬一情緒性的攻擊、籠統的指責或其他不公平的辯論手段危及會議
目標達成，身為主持人的你應該立即干預。否則的話，接下來很可能會
有情勢惡化和情緒失控的危險。由於身為主持人的你有義務維護會議規
則，你不僅責無旁貸地必須阻止不公平的討論，而且必須將與會者的注
意力再度引回事實主題上：

- 相互指責只會讓我們毫無進展。倒不如讓我們好好檢視一下，我

們如何才能解決這個問題。不知你意下如何，穆勒先生？

◉ 各位先生，請容我重申會議的宗旨。新的組織應該為我們創造競
　爭優勢。就細節來說……

◉ 各種論點與異議真的是南轅北轍。為了讓我們能夠更清楚了解，
　我想把有爭議的不同論點寫在白板上。麥爾先生，你的論點是什
　麼？

❖ 3 妥善處理困難狀況的建議──站在與會者的立場

身為與會者，必須注意兩個決定性的方向：

1. 你對於目標達成同樣具有影響力，在這當中，你同時對你所屬部
　 門的利益以及整個企業的利益負有責任。

2. 無論你是否願意，會議中必然會涉及到經營個人的公共關係。在
　 這當中，其他與會者會感知到你「整體的」言行舉止。更確切來
　 說，在會議的所有階段裡，你的台風、形象以及修辭與辯論方面
　 的行為都會被其他人看在眼裡。

你可以藉由以下方式來達成上述的雙重目標：

◉ 態度自信、內行、同情與公正；

◉ 熟練地在可支配的時間內完整陳述自己的核心信息；

◉ 若不是出於事實上的需要，應當盡量將自己的發言控制在一分鐘
　以內；

◉ 切勿打斷他人發言（例外：在遇到陳述錯誤，應以友好且堅定的
　態度打斷對方發言：「很抱歉，可是這樣的說法是不對的……」；
　「不好意思，穆勒先生，關於這一點，我必須做個說明……」）；

◉ 藉助肢體與修辭強化口語論述；

◉ 始終留心提出的事實論據的品質；

◉ 提出反問或批判性異議時，措辭應讓對方保存顏面；

◉ 切勿盲目地對刺激主題自投羅網。

除此之外，請你同樣留心另外三種情況；在我的訓練課程裡，這三種情況一再被證明很難處理。

我如何才能克服對於自己發言以及他人批評的恐懼？

根據過往經驗，特別是當爆炸性的議題被排入議程，或是當擁有決定權的重要人士與會，整個會議會讓人倍感壓力。為了能夠保持從容，訓練與練習是不可或缺的。若能牢記第一章「練習鎮定與壓力管理」的建議，便可初步控制住你個人的壓力等級。

補充幾點增加自信的實用秘訣

- 針對所要討論的主題準備四到五個核心信息，並且將它們牢牢記住。
- 在壓力狀況裡，你需要「汪洋中的島嶼」，這樣你才不會溺斃。你最重要的核心信息便是這些島嶼（參閱第 190 頁起）。
- 預先擬妥會議不同階段裡的講稿。五句技巧（參閱第七章）可以幫助你針對目標輕鬆組織起自己的意見。
- 你還可以針對所屬企業現行的策略準備簡短的知識模塊（參閱第 194 頁）。此舉可以幫助你熟練地回答某些出人意料的問題。
- 在準備會議時，請你思考一下，你要如何回應異議和反對理由。
- 不妨事先了解一下其他與會者的立場以及他們的弱點。你可以根據這些資訊準備一份簡單的問題集。

為了讓他人理解複雜的脈絡，我該怎麼做？

如果與會者多半都是外行人，這時降低複雜性便格外重要。在這種情況裡，必須將複雜的事實內容簡化到讓每位與會者都有機會了解。萬一有人對此表達不滿，你可以再酌量補提更多細節。以下方法可以幫助你，讓聽眾更容易吸收你的資訊：

- 盡可能採取以聽眾為準的簡易措辭；
- 藉助淺顯易懂的例證或與會者生活周遭的對照來豐富你自己的核

　　心信息；

● 盡可能避免使用專業術語或外語，在不可避免的情況下，必須附帶說明；

● 藉助修辭凸顯特別重要的陳述，例如：「具有關鍵性的意義……」；「特別重要的是……」；「現在我要進入核心重點……」；

● 在一段發言裡最多表述二至三點想法；

● 措辭整體上必須簡短、扼要、有組織；

● 說話聲音清楚，談話速度適中。

在討論中盡早發言與行動

　　當你首次的發言被拖得越久，你的發言就越難。你在內心可能會傾向收回發言權。當你袖手旁觀地任討論進行，你不僅會覺得不舒服，還會將形成意見的主導權拱手讓人，更會讓自己以及所屬部門無利可圖。

　　依據個人冒險傾向的差異，可分別採取以下不同的介入技巧：

帶有「適度」風險的介入

● 提出與理解有關的問題。

● 提出檢驗他人所提論點和論據的問題：「我不是很清楚，你究竟要如何證明你的論點？」；「你哪來的自信認為客戶會接受你的建議？」；「你所建議的事項經費從哪裡來？」

● 接手他人提出的論點：「我想在你的陳述上再補充一個面向。」

● 建構同盟：「我完全同意你的評估……」；「我也有同樣的經驗……」

● 如果你被點名，你可以在回答問題之外再附帶添加某些「隨意的」資訊：「我想再提一個截至目前為止完全沒被討論的面向……」

帶有「高度」風險的介入

● 提出一個在討論中尚未被論及的新論點。你可以藉助五句技巧（參閱第七章）。

● 提出一個論點，並用有說服力的論據來敘明理由（參閱第 122 頁

起）。

● 提醒與會者會議的主軸：「我們顯然已經偏離了要討論的主題。我
　們的議題應該是⋯⋯」

● 批評其他與會者的論點和論據。

● 藉助某些有意思的關鍵詞「採取攻勢地」爭取發言權：「你提到一
　個我很樂意採納的關鍵詞⋯⋯」；「你的見解恕我無法苟同⋯⋯」；
　「很抱歉，我的經驗和你的完全相反⋯⋯」

11 批判性對話裡的困難狀況

你在本章裡將學到：
1 對話氛圍會因刺激主題而惡化
2 克服批判性對話裡的壓力
　—參照心理規則
　—針對目標做好準備
　—以有組織、激勵人心的方式對話

　　根據過往經驗，職場裡某些對話場合會讓參與者感覺是個大難題。主要是因為涉及到的議題充滿情緒性或其評價南轅北轍。最常引發嚴重緊張與壓力的內部對話場合，莫過於以下幾類：

- 批判性對話；
- 判斷對話；
- 「應變管理」過程的說服工作；
- 個人或部門之間的衝突對話；
- 負面的反饋。

　　在上述每一種對話場合裡，都有因為刺激主題或心理方面拙於應付而導致對話氛圍惡化的危險。

❖ 1 對話的氛圍會因刺激主題而惡化

　　在上述或其他對話情況裡，總是一再會有「批評的」階段。在批評階段裡，就事論事的意見交換會突然惡化成充滿壓力的辯論。刺激言語或傷害對話參與者自我價值的用語，足以將壓力和緊張帶入爭辯，進而使對話氛圍凝重。

　　舉例來說：某位主管針對其部屬上回在客戶那裡做的報告，回饋意見給這位部屬。對話之初，雙方談的是客戶的潛在利益，換言之，談的主題很中性。在這個階段裡，情緒線（部屬的觀點）輕微擺動在正面區域裡（參閱圖九）：

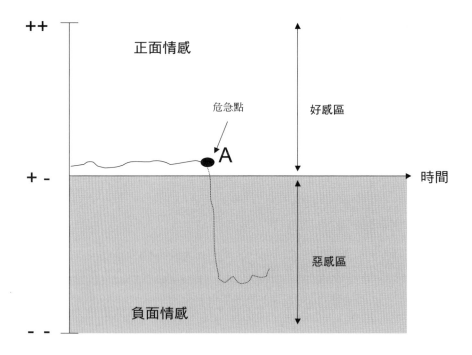

圖九：壓力對話期間的情緒曲線

接著這位主管話鋒一轉說到一個危急點（A）：「薛佛先生，你的報告真的有夠爛！你一定是在這個重要會議前不久才急急忙忙東拼西湊。這根本就是你向來的投影片戰術，運用一大堆的投影片都言不及義。」在這波攻擊裡，對話氛圍惡化。部屬覺得自己遭到籠統、不合實情的貶抑；情緒曲線落入了灰色的惡感區。

在這樣的脈絡裡，奧斯華·諾伊貝爾格 [19] 指出，許多的員工對話雖然並非刻意安排成壓力對話，可是當事人往往會有這樣的感受。「如果當事人無法從情境中抽離，如果他覺得自己屈居下風，如果他的論述不被接受且不斷遭到反駁，如果他無法完整陳述且字字句句都被拿到天秤上衡量，如果對方肆無忌憚地恣意凌虐他，那麼這個人鮮少可以保持理智與冷靜。」結果：這位員工會感覺心理上受到壓迫，從而會有以下反應：

- 戰鬥（具有攻擊性的回敬，爭吵）；
- 逃跑（會在這樣的內心對白中放棄：「總有一天我會要你好看……」；「這傢伙根本就在胡扯，他這麼說簡直是把我逼到了絕境……」；「又來了，他又把用在同事施密特先生身上那一套用在我身上……」）。

任何身為主管的人，如果要和部屬做一場困難的對話，但不想向對方示威，建議你，不僅要事先謹慎做好準備，而且要在情緒高漲的階段裡保持從容與鎮定。以下我將以「批判性對話」為例來說明，你可以如何藉助預防措施來控制壓力狀況裡的風險。只不過，並沒有什麼批判性對話會完全沒有風險就是了！

❖ 2 批評性對話的壓力管理

批判性對話 [20] 可說是領導工作中最令人感到負擔與壓力的義務之

---

19 Oswald Neuberger: *Das Mitarbeitergespräch: praktische Grundlagen für erfolgreiche Führungsarbeit*. Leonberg 2004.

20 一般說來，對於那些微不足道的「錯誤」（例如粗心大意的失誤、道德方面的小瑕疵等），小小的對話便已足夠。席格瑪·紹爾（見注17）稱這類對話為「糾正對話」。——原注

一。特別在以下情況，批判性對話才是必要或有意義：

- 當部屬重複或經常發生同樣的錯誤；
- 當部屬犯下嚴重錯誤；
- 當部屬的工作成績明顯低於說好的目標。

　　每個人根據自己的經驗都曉得，主管和部屬同樣都覺得這樣的對話很困難。這當中的氛圍總是有機會轉為緊張或凝重，因為被批評的部屬往往會因而想不開，繼而以各式各樣的辯解甚或反擊來回應。壓力的成因很明顯是因為帶有批判色彩的告誡觸及了部屬的自我價值感，進而在他們心裡挑起抗拒和對立。身為主管的人如果罔顧對話之中的心理層面，不僅會讓部屬感到挫折，連帶也會削弱他們爭取好成績的意願。

　　許多主管都對批判性對話敬而遠之，有的是因為只曉得其風險，卻不知它蘊含的機會，有的是因為不太願意和部屬起衝突、強烈地需要和諧氣氛、害怕情緒性反應，有的則是因為不曉得可以藉助什麼有效工具來和棘手人物與對話情況周旋。如此便是在粉飾太平，錯誤行為還是會一而再、再而三出現。長此以往，不僅不利於企業經營，更有害於當事人的個人發展。

　　請謹記：人非聖賢，孰能無過。重要的是要以錯誤為借鏡，別再重複犯下同樣錯誤。每個坦誠且有建設性的反饋，不僅提供機會修正錯誤行為，更提供機會讓部屬進步。

　　身為主管的你，如果能夠做到以下這些事情，將可為成功的批判性對話營造許多有利的條件：

1. 留心批判性對話的心理規則；
2. 抽出一點時間為對話目標做準備；
3. 以有目標、有結構與（如果可能的話）激勵人心的方式對話；
4. 備妥辯證的裝備（參閱第四與第五章），藉以化解情緒性反應以及其他非就事論事的手段。

批判性對話的心理規則

一般說來，你的批評應該在私底下做而非大庭廣眾面前。措辭上切勿採取針對個人、諷刺、過分、傷害、懲罰、令人氣餒等方式，而應就事論事、公正、得體、協助、鼓勵。除此之外，請你留心以下這些特別提示：

* 如果你能在事發後不久立即批評，成效會更顯著。
* 請你一貫地根據事實而非傳言來批評。你要解決的是對往後合作很重要的客觀問題。
* 總是只和當事人單獨談話，切勿讓第三人在場。
* 當你情緒激動的時候，切勿進行批判性對話。攻擊與情緒爆發會破壞對話氛圍，往往還會牽涉到不公平，這會讓部屬一直耿耿於懷。
* 請你只針對部屬可以改進的行為方式批評。把部屬的語言障礙或與顧客談話時容易臉紅這些事情當成批評的主題顯然並不公平。
* 切勿將其他部屬或同事拿來和當事人比較。同樣的，也應當避免在當事人面前討論其他人的辦事不力與責任問題。
* 請你清楚明白地表示，你對被批評者未來的行為有何期待。請勿另闢戰場（例如討論基本原則、抹黑、施予回擊等）。
* 請你從頭到尾都要考慮到，被批評的人會先以否認（不滿）或反擊的方式來回應，這是人的本性。

為對話做準備

你應該特別仔細地準備批判性對話。由於對話過程實在難以逆料，建議你，事先就不同的「劇情」做好沙盤推演。不妨藉助這樣的問題「萬一部屬的反應是這樣或那樣，我該如何因應？」為準備工作做檢驗。

準備工作應注意的要點如下：

* 對話的目的是什麼？我想藉助批判性對話達成什麼？至少什麼程度？至多什麼程度？

● 哪些背景資訊是有關的？（工作方面：上回對話的結果、部屬的優缺點、部屬的潛力、對未來的預測；私人方面：罹患疾病、家中發生會增加負擔的變故）

● 實際發生了什麼事？我是根據哪些事實與真相？

● 我能如何描述部屬的錯誤行為？有多常出現？有多嚴重？

● 我能如何描述這些錯誤行為對企業帶來的負面影響？

● 我對部屬的了解有多深？我曾經期待過他能有什麼樣的表現？

● 部屬對我的批評會做何反應？他會防禦、否認、辯解、推諉還是反擊？

● 過去是否曾有可資對照的錯誤行為？

● 我該如何最妥善地組織這場對話？

● 對於就事論事的異議或情緒性的辯解，我該如何反應？

有目標、有結構與（如果可能的話）激勵人心的方式對話

　　如同其他的員工對話，批判性對話也是由幾個階段構成。個別步驟順序不僅會依循事實面向（例如在找尋解答前先分析問題），也會依循心理觀點（例如營造氛圍、對話夥伴加入、不使人感到沮喪）。只不過，具體的對話究竟會如何進行，其實並無法事先確定。它會取決於諸如主管和部屬的私人情誼、被批評者的個性、被討論的錯誤行為的內容及重要性等因素（關於員工對話的各種階段設計，請參閱注 17）。

批判性對話的階段

1. 開場
2. 描述事實情況
3. 徵詢部屬的意見（包括成因分析）
4. 共同尋找解答
5. 總結對話成果
6. 結束對話

階段 1：開場

　　越能營造正面氛圍，部屬就越有可能開誠布公地道出負面行為的真正原因，並且虛心地接受批評的反饋。如果你採取「三明治戰術」（先肯定、再批評、接著再度肯定），不能讓部屬將此舉詮釋成單純的儀式（「原來如此！老闆在使用棍棒前先給點蘿蔔！」）。

　　你可以指出，每位員工都會犯錯，現在是時候找出一個具有建設性的解答。你也可以強調，身為主管的你，在形成自己的判斷之前，想先聽聽看部屬的意見。

　　另一種方法是，藉助開放式問題讓部屬「解凍」，從而開誠布公地暢所欲言。例如，你可以很廣泛地詢問對方與其錯誤行為有所關聯的計畫：「麥爾先生，你怎麼看 XY 計畫？有哪些地方運作得很順利？哪些地方我們必須再改善？」接下來你便可以利用第二點「改善的空間」，適時將話鋒轉向具體的負面行為。

階段 2：描述事實情況

　　請你以平靜且自信的態度扼要提及具體的事實情況。你不妨強調，這當中涉及的是你自己的觀察。請別忘了描述一下，對方的錯誤行為在績效、在其餘的員工、甚或在客戶、供應商及其他外部的團體造成了什麼樣的影響。此舉可以增強部屬對自己的錯誤行為的問題意識。

- 你的部屬應該要從頭到尾完全注意到，你是很認真在批評。
- 你應該放棄籠統的陳述，例如「你的能力不足」或「你在做報告的時候總是擺著臭臉」。這種概括的陳述方式會讓部屬覺得自己陷入絕境而且嚴重受辱。他們或許會以爭吵來回應：「話都是你在說……」；「你怎麼可以這麼籠統地攻擊我？」或者在心中負面地嘀咕：「反正別人做什麼他都覺得是錯的！」；「他簡直是不可理喻！」如此一來，便會使得有建設性的對話困難重重。
- 請勿一次提及許多個批評點，這不僅會讓部屬吃不消，還可能會讓部屬氣餒，不知該如何是好。此外，他們甚至還可能反問自己究竟適不適合這個職位？一個可能的後果便是辭職。

● 對於敏感的部屬，如果你能清楚描述其錯誤行為造成的影響，並且以「我信息」來表達反饋，例如「所以說，我很擔憂我們團隊在客戶那裡的形象！」會比較有效果。

避免使用貶抑的用語，例如

● 我已經跟你說過 n 次……
● 你老是這樣！
● 有時我很懷疑你有沒有腦子！
● 過去幾年中你一而再、再而三地犯下同樣的錯誤！
● 每次你去客戶那邊，人家就紛紛走避。
● 你該學學你的同事穆勒！

階段 3：徵詢部屬的意見

請你給部屬說明實情的機會。如此你可以認識到他對事實情況的觀點及評估：

● 安靜地聆聽部屬的立場。即使不容易，也請你允許對方把他的話說完。
● 詢問對方其錯誤行為可能的原因與理由。
● 切勿很快地落入對方提的託辭與藉口，更不要涉入對方的私人問題。可是你不妨表達諒解之意，接著再度將注意力轉回批判性對話涉及的問題上。
● 請凸顯你和對方有相同評價的點。

階段 4：共同尋找解答

如果在前述對話階段裡，所有相關資訊都被提出與交換意見，你就能進入對話的「治療階段」，並且在對話中尋求解答。

● 自己找到的答案往往對自己而言最有說服力。職是之故，請你先問問部屬，他自己對問題的解答有何建議。部屬自己提出或接受

的建議，往往最能激勵他自己。

- 如果你的部屬沒有任何建議，請你明確地告訴對方，你對於他將來的行為有何期待。
- 你可以提供協助，可以考慮讓他參加專門設計的訓練課程或研習班。
- 達成協議的下一步必須是可行的。寧可透過循序漸進的成效來強化期待的行為，也不要訂立遙不可及的目標導致失敗或辭職。

階段 5：總結對話成果

簡短地（以書面）總結對話成果，並且明示會監督部屬往後的行為，你的部屬便會對達成共識的解決辦法以及實現後續步驟感到負有義務。

- 向部屬重申你的期望。
- 讓部屬明白，當他改變了自己的行為會為他帶來什麼益處，藉此激勵他在後續步驟裡成功。
- 製作一份結果記錄，內容記錄了協議目標、改善績效的可能方法與協助方式。兩方都在這份記錄上簽名，由員工保存副本。

階段 6：結束對話

如果整場對話收到不錯的成效，建議你，藉由以下方式為對話畫下句點：

- 感謝對方和自己完成了一場有建設性的對話；
- 期許未來的良好合作；
- 約定下一次的談話時間。

給部屬的建議

當主管籠統地指責、不公平地批評、情緒化地宣洩不滿時，身為部屬的人會有陷入壓力，從而反射性地以同樣武器反擊的危險。此舉不僅

會降低自己的自信與鎮定，還會升高爭執情勢。凡是陷入爭吵的人，都會有情緒化的風險。心理的迷霧會逐漸擴散，終致心智完全蒙蔽。

　　相反的，保持鎮定、從容、扮演好自己的角色較能取得成功。你可以利用許多駕馭技巧遠離爭吵，至少由惡感區回歸中性的對話氛圍。以下是幾個應付壓力狀況的建議：

- 讓你的老闆把話說完，千萬不要急急忙忙地「自投羅網」。
- 建構起個人的防護盾做為「心理緩衝器」。藉助辯論合氣道，往就事論事的對話前進。
- 當你遇到不公平的攻擊、詐誘性問題或以偏概全的手法，不妨利用第四與第五章裡的建議。在有疑慮的時候，反問是最簡單也最有效的方法，不僅可以幫你扮演好自己的角色，還能幫你將老闆的注意力轉移到事實主題、解答提議或其他面向上。
- 此外，這些駕馭技巧還能避免情勢惡化：
  - 一改變主題。鐵律：遠離充滿情緒性的主題，走向中性或正面的主題！
  - 一指出設定的共同目標。
  - 一總結對話的現況。
  - 一請求對方提出建議。
  - 一自行提出一個新的建議。

12 談判裡的困難狀況

本章主題：
1 哈佛理念的基本觀念是什麼？
2 談判的階段
3 處理僵局的秘訣
4 如何保護自己免受詭計或不公平手段侵害？

　　在談判裡，當某一方宰制著另一方，當心理戰術與論爭戰術主導著辯論，當參與者不曉得如何應付僵局，不曉得如何在無負擔的氛圍下繼續對話，這時的談判會特別困難。本章裡的各種建議可以幫助你妥善處理談判裡的壓力狀況。以下這些問題是本章的重心：我能如何利用哈佛理念更妥善地應付僵局，並以結構化的方式處理衝突？我能如何化解不公平的手段和詭計？

❖ 1 哈佛理念的基本觀念是什麼？

　　哈佛理念是一種兼顧事情後果與合作基本態度的策略，在軟和硬的談判類型中尋求一種綜合。下一頁的一覽表可以幫助你了解哈佛理念的內容。左邊與中間兩排所臚列的是軟和硬的談判類型分別具有的特徵。相反的，右邊一排所臚列的則是做為解決方法與就事論事的談判有關的基本要素。

根據哈佛理念進行的就事論事談判——從硬和軟的談判類型裡獲取綜合：		
軟的談判	硬的談判	就事論事的談判 （根據哈佛理念）
一般 ·參與者是朋友 ·目標：與對方達成協議 我輸他贏模式	一般 ·參與者是敵人 ·目標：勝過對方 我贏他輸模式	一般 ·參與者是問題解決者 ·目標：理性的結果 雙贏模式
為改善關係做出讓步 ·柔軟地對待人與事 ·信任他人	讓步被要求當作關係的前提 ·強硬地對待人與事 ·不信任他人	四項原則 1）人與事分開處理 ·柔軟地待人，強硬地對事 ·信任與否不影響談判進行
願意改變自己的立場 ·提出建議 ·開放談判路線	堅持自己的立場 ·表示威脅 ·隱藏談判路線	2）關注利益，不關注僵固 的立場 ·探尋利益 ·避免僵固的談判路線
藉由單方讓步在利益上取得 協議 ·尋找他人唯一能接受的答 案	單方利益被要求做為取得協 議的代價 ·尋找我自己唯一能接受的 答案	3）尋找有利於雙方的可能 性 ·先尋找不同的選項，接著 再做決定
基於取得協議 ·避免意志之爭 ·放棄施壓	基於自己的立場 ·必須贏得意志之爭 ·強烈施壓	4）基於客觀的標準 ·在不以個人意志為前提下 尋找結果 ·對於理性的辯論採取開放 態度

哈佛理念的重點有四：

1. 分離人與事。

2. 跳脫僵固的立場，移往靈活的利益。

3. 發展有利雙方的選項。

4. 尋找中性的判斷標準。

原則 1：分離人與事

談判與對話總是在兩個層面上進行：

a）事實層面（談判主題）

　　b）關係層面（互動過程）

　　a點涉及的是辯論／談判的主題及具體目標。b點涉及的則是，在談判過程中，你究竟是想以軟的、硬的，還是其他方式來處理議題？

　　談判的困難在於，雙方的人際關係會和對於事實的爭議混在一起。換言之，我們往往會傾向將人與事共冶一爐。如果有人說「你的要求太超過」或「你訂的時間太緊迫，基本上根本就無法遵守」，也許言者只是單純想指涉某件事，聽者卻可能理解成人身攻擊。這種狀況其實並不罕見。如此一來，聽者可能會怒火中燒，整個談判的氛圍陷於凝重。

確保公平相互關係的秘訣

　　我在本書其他地方提供了如何建構良好對話的實用秘訣（參閱第17頁與第162頁起）。除了那些建議外，在哈佛理念裡，我們還可以找到一些補充的指引方向：

　　（1）考慮對方的觀點
　　● 請牢記，你的談判對手對於主題可能會有與你截然不同的看法和
　　　評價。理由是因為：
　　　─觀點不同
　　　─個人的利益不同
　　　─經驗與成見不同
　　　─資訊狀態不同
　　　─情緒不同

　　如果我們可以考慮到這些差異，並且找出一個包含客觀判斷標準在內的共同基礎，不僅可以降低談判過程中的衝突，甚至還可以避免衝突。

　　● 是以，請你在準備時和談判時都站在他人的立場想一想。請你先
　　　試著去理解對方的觀點，不要太早對對方的想法下結論。「理解立
　　　場」其實還遠遠稱不上「同意」。對此，探詢他人立場的提問技巧

（參閱第九章）是不可或缺的工具。

- 縱使對方的恐懼或攻擊性根本毫無道理，它們終究實際存在，因此必須留意。無視對手的情緒，可說是十分嚴重的錯誤。
- 讓對方參與談判的過程和結果。一般說來，獲得參與感的人會更有動力，也會更樂於同意談判的結果。因此，原則上應及早整合對手。你不妨提出你的建議做新的發想，或是請對方與你一起對第三方捍衛你們得出的想法。
- 請你注意，每個人都有權維護自己的想法。請試著別讓對方有讓步的感覺。這攸關將談判結果理解或詮釋成「公平」或「不公平」。公平意味著，對方是在談判夥伴的基本原則以及他自己擁有的形象上與我們達成共識（雙贏模式）。

（2）考量情緒

特別在激烈的爭執中，有時情感的重要性會勝過事實主題。此時參與者的戰鬥意願或許多過於尋求一個共同合作的解答。如此一來，惡感及負面情緒會迅速將談判帶往僵局或破局。中東的以巴和談便是最好的實例。如果無法將情緒與事實分開，戰局（鬥爭辯證）便會在談判桌上延續。可行、妥協的道路則將繼續封閉。如何才能避免情緒化情況裡的對立，並且讓重心再次回歸事實主題？關於這一點，不妨參考第四章裡提的建議。

（3）避免誤會

前述的情緒負擔可能會造成或增強誤會。它們往往會顯現為：

- 談判對手（確實）互相不說話。
- 談判對手不聽對方說話。
- 談判對手在不同層面上各說各話。
- 談判對手對於對方的利益缺乏移情能力。
- 談判對手的認知有成見或扭曲。
- 談判氛圍陷於緊張。

　　奧地利心理學家保羅・瓦茲拉威克（Paul Watzlawick）曾在他的〈鐵鏈的故事〉（收錄於《不幸福人生指南》一書）裡說明，成見與關係問題往往是在我們自己的幻想裡造成的。

> 　　有個人想把一幅畫掛起來。不過他空有鐵釘，苦無鐵鏈。他的鄰居剛好有一把，於是我們這位仁兄決定走去鄰居家向他借那把鐵鏈。然而不知為何，他竟突然興起一股懷疑的念頭：萬一那位鄰居不肯把鐵鏈借給我，那該怎麼辦呢？昨天他跟我打招呼就很馬虎。會不會是因為他當時有什麼急事？還是說，他只是表面上裝得很匆忙，實際上根本就是對我不爽？什麼嘛，我根本就沒有什麼對不起他的地方啊！這位仁兄就這麼逕自在那裡上演腦內小劇場。要是有人來向我借工具，我會二話不說借給對方。那麼，我的鄰居有什麼理由不借呢？哪有人會拒絕幫自己鄰居如此簡單的忙？不過，像隔壁鄰居那種傢伙肯定會去蹂躪別人的人生，他會趾高氣揚地要我以後乖乖聽他的話，只是因為他有一把鐵鏈！這下我真的受夠了！於是乎，他氣沖沖地跑到別人家門口，在那兒猛按電鈴。不一會兒，他的鄰居將門打開，都還沒來得及問候客人「你好」，我們這位仁兄劈頭對著人家大吼：「留著你那把鐵鏈吧，你這個可惡的傢伙！」

　　類似上述這個故事，參與者的誤會同樣可能會由於自己建構了一個完全與現實不符的幻想故事而形成。在有疑問的時候，認清楚這樣的機制，尋求與對方直接且就事論事地對話會很有幫助。不妨藉由發問來釐清，你的對手是如何看待相關主題、誤會可能出在哪、他又是如何看待你們兩者之間的關係？

　　尤其當你和某位客戶、同事或其他人（例如親戚）交情不是那麼好，當你們之間沉默無語，當有人中途失控，思考一下這樣的機制是值得的。對方真如我所想的那麼壞嗎？我認為的究竟是事實，抑或只是個人猜臆？對方究竟是如何看待我？我自己實際上是個怎麼樣的人？還是說，他或許也編了一套「故事」，根據那套故事，我從幾個月前起就一直在批評他？

原則 2：跳脫僵固的立場，移往靈活的利益

「所有的談判對手都有其利益，這些利益就是需求、願望和擔憂，會影響談判進行。利益會因談判諸方的立場而有所差異（在主張、要求及可以提供的事物等各方面）。一種立場其實只是實現利益的一種可能性。」[21]

在哈佛理念裡，有一個兩個女孩在爭一顆橙的故事。起初她們都堅持自己的立場：「這顆橙是我的！」最後她們終於達成共識，將橙均分。可是她們兩人都不滿意這樣的妥協。因為她們一個是要橙皮做蛋糕，另一個要橙仁榨果汁。換言之，如果她們一個能得到全部的橙皮，另一個能得到全部的橙仁，或許就能皆大歡喜。藉由一個簡單反問：「你要這顆橙做什麼？」或許我們就能輕鬆地找出利之所在。

一場談判是否成功，得要看是否得出了符合雙方利益的結果。要如何才能達到這樣的目標呢？

- 詢問自己和對方這樣的問題：「為何……？」或「為了什麼目的…？」藉此了解雙方的利益。如果這麼做無法達到目的，不妨提出：「為何不……？」或「如果……會有什麼問題嗎？」
- 請優先考量自己的利益。這會讓你在接下來的過程中較容易迅速地評價所建議的選項。
- 請你談論利益。每一場談判的目標都是讓自己獲利。為了取得成功機會，你必須談論你們的利益。對手可能完全不曉得你的利益何在，反之，你可能也完全不曉得對手的利益何在。

原則 3：發展有利於雙方的選項

「選項」是在談判框架下可能的協議或部分協議。在尋找替代的解決方案時，大多數的談判裡都會遇到以下四種主要障礙：

- 輕率地判斷（「這樣根本行不通！」）；
- 尋求「正確的」解答；

---

21 出自《哈佛這樣教談判力：增強優勢，談出利多人和的好結果》。

● 假設「大餅」是有限的；
● 唯我獨尊的態度。

實用秘訣

想要找出有創造性的選項，必須

● 先將發想過程與對想法的判斷分開；
● 接下來致力於寧可增加選項數量，也不要去尋找「正確的」解答；
● 期待能出現對所有參與者都有利的選項；
● 擬出可以讓對方輕鬆做出決定的建議。

確定「最佳選項」

「萬一不能在談判裡取得共識，我會做些什麼？」這是關於「最佳選項」的問題。假設你正在向 A 公司應徵，「最佳選項」的問題就是：「萬一我和這家公司無法達成任何協議，什麼是我的最佳選項？」答案有可能是例如你的口袋裡已有一份與 B 公司談妥且隨時可以簽字的契約，也有可能是萬一你無法得到這個職位，你已經準備好了財源可以繼續去進修。

也就是說，談判交涉出的結果無論如何都應該要比你的「最佳選項」來得好。如果對方提出的條件遜於你的「最佳選項」，那麼你不妨自信滿滿地結束談判，並且往門口走去。

仔細考慮對方的「最佳選項」，這也是你該為談判做的準備。「萬一我們不能達成協議，對方（可能）會做些什麼？」

原則 4：尋找中性的判斷標準

如果你能與談判對手共同擬定一個決斷標準，便會比較容易在沒有相互施壓的情況下求出解答。

盡可能在談判之前找出客觀的標準，試著根據共同的標準和對手達成共識。特別是在陷入僵局的時候，這會是很有效的策略。

舉例來說：你想要買一輛中古車，為此，你必須和賣家交涉。你們在價錢上的看法南轅北轍。為了避免陷入無謂的討價還價甚或爭吵，你

不妨表示：「你出了一個高價，而我出了一個低價。不如我們來看看，什麼樣的價格才算公平、什麼樣的價格我們雙方都能接受。根據什麼樣的標準，我們才能找出這樣的價格？」接下來，你們便可試著一起去達成這個共同目標──一個公平的價格。你可以提出某項標準，例如這輛車的標價和里程數。請你要求談判對手告訴你他的想法。如果你的意見是基於對方提出的標準，那麼你的意見當然就會更有說服力。

談判的一貫性：

1. 將每個爭吵轉化成共同尋求客觀標準。

2. 就事論事地辯論，對基於合理標準所做的論述保持開放態度。

3. 切勿屈服於任何壓力下，只遵從合理的原則。

你可以（根據氛圍、困難程度、與對手的關係等因素）將上述四項原則應用在談判過程的不同階段裡。接下來，我將介紹將談判結構化最重要的模型。

❖ 2 談判的階段

第七章裡提到的問題解決模式（參閱第 121 頁）適合用來將談判結構化。根據這套模式，你可以將談判過程理想地分為六個階段：

談判的階段架構

1. 開場	分析人的問題； 營造工作氛圍
2. 說明狀況與問題	說明自己的看法； 分析／徵詢對方的看法
3. 尋求解決途徑	在對話中收集替代的「選項」
4. 討論	遵守客觀標準
5. 結果	妥協；有序地撤退或諸如此類
6. 結束	好的結尾

應用

談判架構必須配合具體的實際情況與目標設定。你不僅可以改變各階段的順序，必要時也可以多次進行（例如階段 3 至階段 5）。

階段 1. 開場

問候、營造氛圍、確定目標與主題、設定進行方式與時間等，都屬於這個階段。在這個階段裡，與人和事這項主題有關的哈佛原理特別重要。

階段 2：說明狀況與問題

這階段要交換相關的資訊，並且更明確地認識談判對手的利益。熟練的提問技巧在這個階段裡不可或缺。

階段 3 和 4：討論可能的解決方案

主要涉及到應用「選項討論」和「尋找客觀標準」這兩項原則。

階段 5：結果

在這個階段必須確保談判的成果。為了避免誤會或非就事論事的手段（「這和我記得的不一樣」；「這點我並沒有同意」；「這點你誤會我了」；「這與我白紙黑字所記錄下來的不一樣」；「在談判時你確實曾經同意 XY」諸如此類），建議你，將談判結果製作成備忘錄，並且與對方談妥同意受談判結果約束。請你堅決要求對方必須在備忘錄上連署。

階段 6：結束

這個階段涉及到以個人談話為談判做個結尾。

小提示

萬一在階段 3 與 4 裡有許多不同的解答建議與分歧的要求被提出，很容易就會引發爭吵或情緒緊張。此時第四章與第五章所述之策略可以幫助你將對話維持在有建設性的軌道上。

❖ 3 走出死胡同──處理僵局的秘訣

你一定偶爾會遇到談判再也進行不下去的情況。你的感覺會告訴你，除了中止談判以外再無別的選擇。之所以會走到這步田地，無非是因為過分的要求、堅持的態度以及缺乏妥協的意願。再者，如果談判對手採取鬥爭辯證或使出其他的小手段，甚至還會讓情況變得更為難解。不公平的談判對手可能會

- 拒絕那些對你而言重要的事項；
- 藉由宰制與鬥爭的儀式使你畏懼；
- 以不受歡迎的後果相脅；
- 使用刺激主題、格言論證或其他不公平的手段讓你陷入壓力狀態。

在進入談判的過程之前，回想一下本書先前章節裡教授的各種防禦策略。

除了基本的自信態度以外，遇上談判困難，你還需要可以幫助你走出死胡同的完善策略；換言之，你有哪些方法可以拓展新的轉圜空間、使談判續行，甚或讓彼此達成妥協？萬一這些努力全都無效，你才應該利用以下的方法「暫時」中斷談判。

克服僵局

如果雙方都使盡渾身解數捍衛自己的立場，唇槍舌劍、你來我往互不相讓，想要達成共識顯然毫無指望。當中的問題無非出在於心理的天性：談判參與者只是片面地將自己鎖定在對立，完全忽視了創造性解答的可能。研製替代解答往往會被魯莽的判斷阻礙，這些判斷經常會伴隨著類似這樣的內心對白：「這不可行」、「繼續這麼糾纏下去根本毫無意義」、「我們走進了死胡同」。這時人們會固執地認為，這場談判根本無解。然而在這當中，人們卻忽略了「個人的操作盲點」，這項因素往往會讓對話停滯。主觀（有限）的觀察方式會為尋找新解答設限。關於這一點，「八個正方形」練習可以讓你一目了然。

問題：你可以找出多少種方法將一個正方形分成四個同樣大小（形狀相同，面積也相同）的等分？

誠如圖十所示，其中一種方法便是直接在正方形的中央畫個十字。請你至少找出七種別的方法。

「八個正方形」練習

任務：請你將一個正方形分成四個同樣大小（形狀相同，面積也相同）的等分。

圖十：「八個正方形」練習

經驗顯示，你輕輕鬆鬆就能想出四種解答。不過接下來你就會遇到瓶頸。你的大腦告訴你：「再也沒別的答案了！」或「這根本就不可能嘛！」困境就在於：只是因為想不出其他解答，我們就會認為，再也沒有其他的可能了。這簡直是大錯特錯！

請你運用「直昇機」的能力，換個角度從空中觀察，藉此來尋找新的點子與解決方案。不妨與團隊其他成員對話來尋找靈感，或是與談判對手來場有創意的探索。

順道一提，上述的「八個正方形」練習其實有無限多種解答（參閱第 287 頁）。

請你預先考慮好解答的變形（或替代的解答）

這取決於將一個臆想的障礙（「再也進行不下去了！」）視為談判必經的過程。以此為動力去改變觀點，聽取他人的建議，還要強調彼此的共同利益。彼此的共同點與交集何在？雙方都能接受的解決途徑何在？在為談判做準備時預先考慮一下下列問題，會有益於你產生突發的想法：

- 在達成共識／合作的情況下，雙方會有哪些好處？彼此共同的利益何在？
- 雙方可以依據哪些標準來討論一項解答是否公平與切合實際？
- 是否還有其他互利的選項可以幫助雙方克服僵局？
- 是否有可能透過加入時間因素（「如果現在不行，以後或許可以」）、包裹解答（「教育訓練的費用由我們負擔」），或其他因素將談判的餅做大？

思考一下，如何才能讓談判轉移到新的、具有建設性的道路上。重點在於，萬一談判陷入「鬼打牆」，你必須設法投入新的刺激，讓它能夠動起來。你可以自行提供推進的動力，可以透過提問給予對手新的視野，也可以向對方揭示談判破局的後果。

縱使談得很辛苦，也不該損及靈活性、對新選項的觀察以及共同的利益。你不妨告訴自己：「我不僅要維持對話，還要去檢驗，雙方的利益與可能性之間可以建造起哪些橋梁？」以下建議可以幫助你克服談判中的僵局。

適用於僵局的實用秘訣

（1）探索有助於獲得解答的轉圜空間與條件

不妨利用巧妙的提問來探詢，對方可以接受的妥協底線及解決方案何在、為了達成共識還需要做些什麼：

- 你認為解決問題的起點何在？
- 在什麼樣的基礎上或許可以妥協？

　　　　● 在哪些條件下我們可以達成共識？

　　　　● 哪些評價標準是你看重的？

（2）引入新的解決方法

　　不妨藉助以下問題為談判注入動力，並且將對方的注意力轉移到新的解決方法上：

　　　　● 如果把契約的效期納入考量，不知你意下如何？

　　　　● 我建議，我們在尋求解答的過程中一併將 XYZ 面向納入考量。

　　　　● 迄今為止我們尚未討論到培訓及服務有關的事項。在這些方面，我們可以額外提供……

（3）先排除有爭議的事項

　　如果談判情況十分複雜，而且雙方各有一堆自己的利益與要求，這會是特別有效的一個方法：

　　　　● 我建議，我們先就 ABC 的部分來磋商。

　　　　● 要是我們先擱置 XYZ 事項，不知你意下如何？

　　　　● 關於有爭議的「有效期限」這一點，我很樂意再和我們老闆談一談。

　　換言之，請你先專注於或許比較容易與對方取得共識的議題。此舉可以讓「凍結的」想法再度浮現（解凍），並且透過局部成果賦予談判的新動力。

（4）懇求對方的批評與建議

　　萬一談判對手看似對你表示懷疑，不妨利用這樣的開放式問題請對方直言：

　　　　● 我的建議有什麼地方讓你感到困擾？

　　　　● 換作你是我，你會怎麼做？

　　　　● 你在這方面經驗豐富。

　　　　● 遇到這樣的情況，你會如何處理？

　　　　● 我們可以共同做些什麼，好讓……

● 或許在這件事情上你是對的。我們必須做些什麼改變，好
讓……？

（5）對令人不悅的異議採取攻勢

勇於對棘手和令人不悅的事項主動出擊。正面的「我信息」可以為
你的陳述加上個人評註：

● 好吧，讓我們來談一談，對此你有何不滿意的地方。
● 我能理解你的懷疑。那麼，讓我們來談一談你的疑慮。

（6）謹記重要的價值與原則

談判過程中憑藉對方可能同樣高度重視的價值來辯論，例如公平、
信任、互惠、就事論事。

● 我們彼此所要的，無非就是一個公平的解答。
● 我們彼此所要的，無非就是一個既能符合你們的要求、我們也能
夠執行的共識。
● 過去我們曾經在互信的基礎下成功合作。這同樣也是我們未來的
目標……

站起來活動活動

活動肢體不僅可以促進血液循環，更有助於談判參與者打開思想的死
結。找機會站起來，做做深呼吸，拉開一點觀察距離，收集一些新的
點子。精神運動的活動不但有益於創造力，還能讓人較容易改變對事
物的觀察角度。不禁令人聯想起一九八五年日內瓦的高峰會期間，雷
根與戈巴契夫兩人著名的公園漫步。在冷戰期間，此舉化解了冰凍的
氛圍，促進了美、蘇兩國元首的互信，更讓東西方的談判得以繼續進
行。

中止或暫時中斷

當用盡了所有方法依然無法化解歧異達成彼此都可接受的結果，你
可以使出終極手段建議大家暫時休息。請你在這個階段裡也保持禮貌與

堅定。請你明白地表達，自己基本上歡迎後續的對話。

　　如果某些事項陷入膠著，從而需要額外的對話，中止談判是有意義的。

　　措辭範例：

- 我能理解你的願望與要求。只不過，為了要釐清是否可行，我想和我們的品管部門商量一下。
- 在價格問題方面，我無法在此當場做決定。我們必須與我們的採購再做個整體核算。
- 一個專案解決方案會帶來多少問題，這點我還得請示一下我的老闆。

　　一旦懸而未決的事項獲得了釐清，談判便可以繼續進行。

　　當還不清楚在哪些條件下可以續行談判，不妨選擇暫時中斷談判。在這個選項裡，你很確定即使用盡各種方法，也無法找出彼此都能接受的答案。請你明白地讓對方知道，談判已經到了今日所能進展的極限。同樣重要的是，切勿損及彼此之間的關係。換言之，請勿惱火、出言不遜或氣餒；無論如何，不要表露出來。請你注意，應當為重返談判桌預留後路。以下的三種方案[22]可以幫助你輕鬆地做到這一點：

1. 總結彼此的共同點以及部分的談判成果，並且點出尚未達成共識的歧見。
2. 對正面的合作及坦誠的辯論表示感謝。
3. 藉助以下語句，在不失顏面的情況下為將來重返談判桌預留後路：「在我看來（後路一），在這樣的情況下（後路二）恐怕很難達成共識。」

說明

　　後路一：「在我看來」——這意味著，在談判之後，你可以和某位顧問、專業人士或自己的上司討論或對話，這些對話或許可以為談判帶來

---

22 Wolf-Henning Kriebel: *Crashkurs Medienauftritt. Überzeugen in Interviews mit Gegenwind*. Wien, Frankfurt a.M. 2000.

新的想法和選項。你告訴了談判對手，這些新觀點應該可以為重啟談判
拓展轉圜的空間。

　　後路二：「在這樣的情況下」——這句實際上是你的妙招。因為你可
以藉助改變的前提條件重新找到返回談判桌的路：

- 過去這段期間我對市場發展做了新的研究⋯⋯
- 過去這段期間我們的營運策略有所調整，從而擴大了容許專案解決方案的轉圜空間⋯⋯
- 過去這段期間我們公司的人事有所變動，因此我們的策略也做了點更動⋯⋯
- 我們已在內部討論了一些妥協的方案，我想你或許會對此感興趣。
- 我們已決定重組談判團隊。你熟識多年的舒爾特先生將會加入我們談判的行列⋯⋯

　　中斷談判後的階段會有心理負擔，因為雙方此時通常都會陷在壓力
中。不可少了耐心與毅力。萬一你應付不來談判對手的人格類型、性情
或辯論風格，不妨更換主談者或重組談判團隊。無論你是在什麼樣的徵
兆下重啟談判，請切勿舊話重提，並且避免使用批評的註解及尖酸刻薄
的言語。請用「已知」標記迄今為止的談判，在談判過程中，表現出實
事求是、專業及目標取向的態度。如果你能爭取平等（不亢不卑）地辯
論，並且事先確定好自己的「最佳選項」，那會增進你的談判力量。「最
佳選項」的關鍵問題是：「萬一我們再次無法在新一輪的談判裡取得共
識，我該怎麼做？」（參閱第 174 頁起）。

❖ 4 如何保護自己免受詭計或不公平手段侵害？

　　以下列表包含了各種在談判中化解對手不公平手段的實用秘訣。為
盡量避免重複，我刻意縮短了和第四章及第五章有關的秘訣。標有頁數
的參照指示可以幫助你在有需要時迅速在相關章節裡找到背景資訊。

`

談判的開場階段	
不公平的手段	實用秘訣
原定的談判對象沒有出席，改由一位層級較低的員工瓜代。	首先釐清兩個問題：為何有決定權的人未出席？這位代理人被委以哪些權限？接著你再以此為基礎審酌，是否要接受這次的談判，或是另訂下一回的談判時間。
你對談判對手的能力或權限有疑慮。	詢問對方的職責以及獲得委任的權限。請你釐清，是否可以與「正確的」（有權的）談判對象就議程上所列事項談判。
不利的座位安排與前提條件。	掌握主動權，並且在座位安排與前提條件方面發揮影響力（參閱第89頁起）。
對手試圖製造時間壓力。	在一開始就先說好時間架構。如果狀況有變，不妨將議程減少到實際情況容許的程度。
約定好的議程被片面更改。	提出：為何要改採新的議程安排？為何議程當中加入一個新的事項？

談判的階段2至階段6	
非就事論事的手段	實用秘訣
談判對手沉默不語。	藉由提問激發對方： —你有何看法？ —你認為建議的解決方案如何？ —我可以將你的沉默視為同意嗎？
對手對你做人身攻擊。	藉助辯論合氣道並將攻擊者的精力轉移到事實上（參閱第67頁起）。
對手以強迫手段相脅。	先忽略這些威脅。強調你在努力尋求一個雙方都能接受的解答，換言之是一個不僅能讓對方滿意、對你來說也可行的解答。
對手提出了過分的要求。	詢問對方，如此的要求是基於什麼事實上的理由，一直到釐清對方的過分要求是站在一個不切實際的基礎為止。

對手轉移焦點，並且另闢戰場。	將焦點轉回事實主題。不妨總結一下到目前為止的談判狀況；在沒有出路的情況下，你不妨詢問：「在什麼樣的情況下你會同意？」或「我們必須滿足哪些條件，你才會同意？」
對手自顧自地翻閱自己的月曆或閱讀與對話無關的資料。	藉由反問將對手帶回對話裡：「麥爾先生，哪些點對你而言特別重要？」；「不曉得你今天在時間上還有何安排？」；「你覺得我們所提的建議如何？」
對手不想認真地談判。整場對話蒙上了「不在場」的色彩。對手心中已有定見。	透過「我信息」表達一下你的心理狀態：「我覺得，你似乎已經有了決定……」；「我們有多大的機會能夠和你們做成這筆生意？」；「我們相較於其他競爭對手如何？」
對手一再在過去失敗的計畫上繞圈圈。	更換賽場。不妨將討論焦點放在未來的計畫上：「值得慶幸的是，這個主題已經是過去式了！在未來，你可以放心地交給……」；「我們從這些問題上獲得了許多寶貴的經驗。現在讓我們來談一談具體的解決方案，不知你意下如何？我建議……」
對手一直在獨白。他表達了一連串的異議。	詢問最重要的點：「你提到許多面向。哪幾點對你而言最重要？」在對方獨白的期間，不妨寫下對方所述內容的關鍵詞，並且以此為基礎總結出幾個核心重點，接著請對方確認。如果兩邊有許多歧見，不妨用圖像的方式呈現。
對手試圖用非言語的支配信號與鬥爭信號在你身上製造自卑感。	參閱第五章所述的實用秘訣。
對手利用無法檢驗的（捏造的）數據、統計或斷言來論證。	小心，切勿立刻對單純的斷言自投羅網！秘訣：不妨詢問對方的資訊來源或放棄對對方的說法發表評論。也可以提出相反的論點與證據（參閱第95頁）。
對手根據傳聞貶低競爭者（惡棍技巧）。	對手表達出特別的懷疑。請你將焦點轉回事實主題和談判目標上。
對手扮起黑白臉，想藉此壓縮你的轉圜餘地。	保持在自己的談判路線上，不要去在意那些「奧步」（參閱第99頁）。

對手不重視你的論證。	重複你的證據及利害論證。不妨也凸顯出額外的利益和獨特的賣點。
對手的承諾含糊不清。	小心！請你將這些承諾具體化，並透過書面方式確定。請你同樣也留心時間目標（何人最遲於何時以前應該完成何事？）。
對手中斷談判。	總結對方最終的立場。不妨以帶有評價的措辭起頭：「如果我們沒有理解錯誤的話……」；「如果我對你的立場詮釋錯誤，請你給我意見……」請你同樣清楚明白地總結自己的立場。

13 上廣電節目時的困難狀況

本章要處理的主題有：

1 釐清前提──將風險降到最低
2 針對目標做準備─成功的基石
3 克服怯場──尋找你的個人儀式
4 聲明──將核心信息壓縮成三十秒
5 上電視展現言行舉止說服力的實用秘訣
6 壓力訪問──你可以像這樣克服困難狀況
7 談話性節目──面對廣大觀眾的考驗
8 附記：壓力訪問遇上困難時適用的橋句

　　上媒體往往會讓人感到格外有壓力。光是想到攝影機、攝影棚或麥克風，便會讓人不由得引發各式各樣的恐懼：我能滿足自己所屬企業的期待嗎？我要如何成功地完成訪談？我是否可以簡潔有力地將複雜的事實說清楚？我能應付記者的詐誘性問題和辯證圈套嗎？萬一腦袋突然一片空白，我該怎麼辦？諸如此類的內心對白不僅會引發龐大的壓力，還可能會讓你陷入恐慌。

　　我在本章將傳授你各種「裝備」，藉助它們，你不僅可以謹慎地為上媒體預做準備，還可以妥善地處理談話障礙的問題，從而把上台及辯論做到最好。上廣電節目會遇到的三個標準狀況是當中的重點：

1.聲明——將核心信息壓縮成三十秒
2.壓力訪問——熟練地應對刺激主題與詐誘性問題
3.談話性節目——在團體裡口頭激烈爭辯的秘訣

　　謹慎的準備也是成功的關鍵。首先要說明，一段電視或廣播的播出究竟有多大程度的意義。如果編採人員與你的企業或你的部門接觸，至少必須先釐清以下這些事項。

❖ 1 釐清前提——將風險降到最低

● 這段電視或廣播播出有利於自己所屬的企業嗎？
● 播出一段聲明、訪問或討論真的有意義嗎？
● 規劃的是什麼形式的談話？會在何時於什麼節目中播出？
● 要求電視公司寄給你預定要上的節目過去的錄影。藉助這些錄影，你可以在提問形式、問題類型和記者行為方式等方面獲得一些啟發。
● 要討論主題的目前社會氛圍如何？
● 有多少時間可以利用？
● 何人同樣也該發言？
● 你所屬企業的其他人是否曾被徵詢過發表聲明／進行訪問？什麼是已經進行過的？
● 哪些問題會在哪些複雜的主題裡被提出？
● 請檢驗一下自己是否真是正確的（有能力的）訪談人選。你被規劃成什麼樣的角色？
● 記者（可能）謀求什麼利益？
● 在事前對話中與記者釐清，你不會對哪些問題或面向發表意見。
● 若是參加談話性節目，還需要釐清以下問題：誰會參加？什麼才是節目計畫談論主題真正隱藏的意圖？

　　一旦決定了發表談話，你應該花足夠的時間仔細地準備。在這當

中，人與事的準備同樣重要，兩者都將幫助你盡可能達成目標。

　　始終牢記，你的談話有三重效果：在核心部分，你不僅透過（但願是）良好的論證為某項事實辯護，更運用自己最大的能力駁斥異議和批判性問題。同時，你也為自己所屬的企業、部門、組織做了（間接的）公關工作。最後，你藉由自己的上台讓大眾也能品味你這號人物，換言之，你也在為自己做公關。

❖ 2 針對目標做準備──成功的基石

　　唯有當你花時間為訪問或聲明預做準備，並且對各種困難狀況在思想上做好沙盤推演，才能在上場時展現出必要的自信。此外，由於在鏡頭與麥克風前的拙劣或錯誤演出往往會長時間遭受批評且不時被拿來重溫，所以，你真的應該花足夠的時間做好準備的思慮！

　　在事實方面應做好準備的重點
　　● 設定自己的目標。
　　　　─我想達成哪些具體目標？
　　　　─我應當為自己所屬的企業建立什麼樣的形象？
　　　　─我希望自己看起來如何？
　　● 記者是誰？對於他個人以及他的訪問風格，我的認識有多少？這位訪問者是否
　　　　─是個自吹自擂的傢伙，喜歡滔滔不絕講個沒完，慣用「資訊＋問題」的方式提問？
　　　　─會激勵受訪者，不僅所提的問題都很短，而且還會給受訪者許多自由發揮的空間？
　　　　─是觀眾的代言人，他的提問風格是冷靜又客觀，抑或是充滿敵意和挑釁？

　　請謹記，記者一般來說都是專業的門外漢。因此，對於同一個主題或關鍵概念，他和身為專家的你絕對有可能有完全不同的理解。此外，

你自己還要有心理準備，記者往往也會提及某些有決定性意義的面向，通常會涉及道德、環保、經濟或政治等方面的議題。

- 徹底分析相關的事實狀態。
  - —準備好背景資料、統計數據、報刊資訊，以及你所屬企業和社會相關團體的看法。
  - —觀眾對於相關的事實狀態（可能）有何想法？哪些基本看法是你可以設想的？
  - —議題與觀眾／聽眾有何關係？
- 釐清並衡量你的論證。
  - —哪些論據與事實對於你所屬的企業很重要？
  - —議題能為社會大眾帶來什麼好處？
  - —如何利用圖像與比較來說明我的事實論證？請篩選出所有觀眾都能理解的例證。請你從觀眾／聽眾的「世界」裡找尋例證！
- 收集客觀與不客觀的異議／質疑，並且獨力或集體地思考一下如何回應。在本章最後，你將學到如何以自信的態度去應付非就事論事的問題。
- 製作一張記錄著核心信息的關鍵詞卡。
  - —盡可能扼要、明確地擬出自己的陳述。
  - —凸顯例證、比較與重要的數據。
  - —以關鍵詞為限，因為它們有益於暢所欲言。
  - —篩選一個有效的「上場回答」（心理支點）與一個總結的「下場回答」。後者必須包含你想灌輸給觀眾的關鍵點。
- 參加談話性節目時，建議你另外收集對手會做的客觀與不客觀／挑釁的攻擊，準備好回應的方式。並且，針對對手的弱點預先列出異議與批判性問題會很有幫助，這樣你已經對公開攻擊做好了萬全準備。

❖ 3 克服怯場——尋找你的個人儀式

你對廣播與電視節目越不熟，找尋一套個人儀式對你而言便越重

要，它能幫助你解決恐懼或談話障礙的問題。在「內心鎮定的途徑」那一章裡，你已經學到了一般的實用秘訣。以下則將針對上媒體的情況做些補充建議：

- 請你牢記（大約五至七條）自己最重要的核心信息，記住它們的內容。你的核心信息將是你在困難狀況裡的「避難島嶼」（參閱第194頁）。
- 不少電視名人都會在他們的談話節目開始前藉助精神訓練來熟記自己的核心論點（參閱第36頁起）。
- 請你藉助錄音器材或攝影機做談話預演。請你就聲音、流暢度、可理解性及長度等方面檢視自己的談話。如果可能的話，請他人給你一點意見。
- 如果要談論的主題充滿火藥味，請你練習一下問答遊戲。在這當中，同事、訓練師或教練的忠告對你會很有幫助。
- 如果看著鏡頭會很有壓力，不妨把情況想像成你在對著站在鏡頭後面的某位朋友做陳述。
- 有鑑於許多訓練課程與研討課程裡的實際情況，我可以向你保證：你絕對比你自己所認為的表現更好！

❖ 4 聲明──將核心信息壓縮成三十秒

　　一般來說，如果你必須在廣播或電視上針對當前某個事件或議題表態，你大概只會有幾秒鐘的時間。同樣的，在壓力訪問裡，你的作答時間也是非常緊迫。只有在少數例外的情況，你或許會有超過一分半鐘至兩分鐘的談話時間。至於談話性節目，如果你能藉由簡單明瞭的談話引起別人的關注，同樣也可以為自己的表現加分，並且提升他人對你的好感。

　　對於領導階層而言，簡單扼要地發表聲明是種十分重要的能力。這種能力並非只有在上媒體時才重要，就連對職場上的溝通（例如會議、對話、討論等，不論是在企業內還是企業外）也都很重要。

特殊的建議

- 將複雜的事態壓縮成少許的信息和例證。因為，凡是無法立即被理解的，永遠也不會被理解！
- 應該在二十至三十秒內傳遞出自己的信息。這大概是打字機七至八行的篇幅。鐵律：十五行＝一分鐘。
- 使用盡可能簡單的措辭：使用短句、不用簡稱、不用專業術語、少夾雜外語。用自己的話來說。最重要的是，保持自然！
- 使用能激發觀眾正面聯想的形象宣傳詞彙。
- 對觀眾所關心的事情和問題表示感同身受。
- 立刻進入正題，不要和記者或觀眾寒暄，而且千萬不要複述起始提問。
- 聲明越短，越需要字斟句酌。
- 在發表聲明時總是看著鏡頭。至於在後來的提問或訪問裡，則請你看著提問者或訪問者。
- 藉由親切的微笑來為自己提升說服力和好感度。不過，在緊急的狀況裡，你應當收起笑容。
- 利用適當的表情和手勢來強調自己的陳述。只不過請避免做過頭以致分散了他人的注意力（困窘儀式、過多或過少手勢等）！
- 利用建構方案將聲明結構化。

聲明的建構方案

　　根據過往經驗，要沒有受過訓練的人在半分鐘內針對某個複雜議題做出聲明其實很困難。特別是對於專業行家以及以技術為導向的管理者，要讓他們將「表面資訊」安插在一個三十秒的聲明裡，簡直是一件對不起自己良心的事。

　　在發表聲明時，建議你善用五句技巧的好處。在第七章裡你已認識了很多論證的結構方案。在廣播或電視發表聲明時，通常只要利用以下這種簡單的標準結構就夠了。

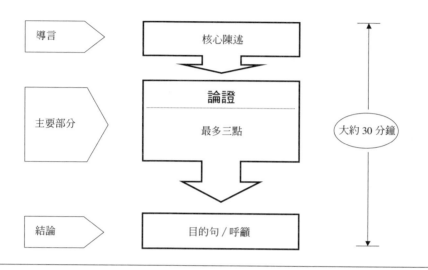

圖十一：聲明的標準結構

說明

- 導言：起始的核心陳述
  請你針對問題或他人提出的質問表達自己的立場。你應該讓觀眾在短短幾秒鐘之內就能了解，你所屬的企業對於被論及的主題採取什麼樣的立場。提示：萬一你基於策略考量不想讓自己的聲明被定調，不妨利用其他的五句技巧（參閱第 115 頁起）。
- 主要部分：位於中段的論證
  請你將論證的內容限制在最多三點。這個數目最適合觀眾／聽眾有限的吸收能力。這些內容可以是事實、數據、對照或生動的例證。
- 結論：目的句、呼籲或展望
  再次強調自己的立場，指出與未來有關的重要面向，並且對觀眾／聽眾做呼籲。

　　凡是想要在媒體上取得成功的人，都應該盡可能頻繁地訓練自己，讓自己有能力，在三十秒鐘之內，將簡短、清楚、生動的聲明以能讓每位觀眾／聽眾了解、既簡單又有邏輯的方式表達出來。

「緊急狀況」中的聲明

　　當你在意外事件發生後或是處在緊急狀況裡必須面對媒體，在與記者和媒體碰面之前先準備好一份緊急聲明相當重要。建議你，此時依據正確的邏輯同樣採取五個步驟：

> **緊急聲明**
> 1. 發生了什麼事？
> 2. 有人遭受損害嗎？
> 3. 對截至目前為止事件造成的影響，你有何了解？
> 4. 截至目前為止你對事件做了什麼處理？
> 5. 後續要做些什麼？

　　請以簡短、明確的方式表達截至目前為止你所知道的事。請你嚴格地將自己的評價、詮釋及臆測全部收起。

知識模塊——你的「汪洋中的島嶼」

　　在壓力訪問裡，你可能會遇到出人意料的問題。如果沒有準備好應變計畫，你很容易會「溺斃」！在這種情況裡，知識模塊可以當作「汪洋中的島嶼」進一步協助。這當中包含了各種隨時可供檢索的聲明；它們是你針對你所屬企業（組織、政黨等）當前與未來可能涉及的關鍵議題所做的「預防性」準備。萬一你遇上什麼即席問答，你也可以檢索相關的聲明，從而在任何情況下都能在「避難島嶼」上獲救。維拉・博肯碧爾 [23] 稱這樣的知識模塊為「河裡的石頭」。為了過河，你從一塊石頭跳到另一塊石頭。你的優勢在於：你自己曉得這些石頭在哪（緊貼著水

---

23 Vera Birkenbihl: *Rhetorik. Redetraining für jeden Anlass: Besser reden, verhandeln, diskutieren.* München 2010.

面），可是在觀眾看來，你彷彿是在水面上行走。

　　你不妨藉助「腦力激盪法」來製造知識模塊。你可以先將與你所屬企業有關的議題收集好，接著再將它們群集起來，然後針對個別議題擬訂一份約三十秒鐘的聲明。

　　也可以利用第 49 頁裡介紹的 ETHOS 來組織這個過程。你可以記住，ETHOS 代表著與企業有關的幾個重要面向的起始字母。E 代表經濟、T 代表科技、H 代表人、O 代表組織、S 代表社會。這套公式對於知識模塊的分化格外有效，因為每個企業都與這五個面向有關。

E1	E2	E3
E4	T1	T2
T3	H1	H2
O	S1	S2

　　這五個領域構成你藉以擬訂相應聲明的粗略範疇。換言之，你必須視實際需要為每個領域製作一個或多個聲明。上面的小棋盤說明：在我們的例子裡，你應該一共準備十二個聲明；其中有四個聲明是針對經濟議題（E），三個聲明是針對科技議題（T），兩個聲明是針對客戶的面向（H），一個聲明是針對組織議題（O），還有兩個聲明是針對社會議題（S）。

❖ 5 上電視展現言行舉止說服力的實用秘訣

　　科學上證實，你個人的整體形象（包含外表、肢體語言、聲音等）會比你陳述的內容更持久地留存在觀眾的記憶裡。觀眾對你的接受度會深受對你的好感與信賴所左右。

一般提示

- 盡可能不要站在俗氣的色彩或負面意義的圖騰前談話。
- 注意自己的穿著。服裝必須莊重、整齊並合於情境。在攝影棚內，衣服顏色合於場景布置（若是事先知道），柔和的淡雅色調是不錯的選擇。不適合穿細條紋或小格紋；深藍外套加淺藍襯衫是良好的搭配；類似原則也適用於套裝和襯衫。男人要戴得體的領帶（別太引人注目）、及膝長襪、乾淨的深色皮鞋。請避免穿白色連身裙、昂貴的首飾及顯眼的身分象徵物品。
- 化的妝要符合你的類型，讓你覺得舒服。
- 配戴眼鏡可能會形成不好看的陰影，或許隱形眼鏡會是較佳的選擇。請你隨時注意清潔鏡片，並且避免讓鏡片反光。眼睛要注意控制螢幕。
- 外表、肢體語言和聲音會比陳述的內容信息帶給觀眾更強烈的影響。
- 如果言行舉止能切合情境且真情流露，那麼你就具備了引起好感與信賴的最佳條件。
- 避免所有過分的言行舉止：過度強烈的肢體語言、太大聲、太快、太不清楚的談話、過多的拉長音（例如誒～）等，都會讓焦點從內容上轉移。
- 額頭上冒出汗珠時，請用手帕輕輕拍拭。
- 避免沒有見證者的壓力訪問。若有必要，見證者也可以給你一些外表上的建議（如服裝、流汗、手勢、儀態等）。

上台與肢體語言

- 請你留下良好的第一印象。根據德國薩爾布魯根大學的心理學研究顯示，一個人是否會被評價為和藹可親、有魅力、有智慧，取決於短短的一百五十毫秒（少於六分之一秒）至九十秒的期間裡。
- 因此，請在鏡頭前保持正面的情緒和友善。平靜的眼神與從容的舉動會與自信連在一起。
- 藉助和諧的手勢與表情來強化自己的陳述！（參閱第三章）

- 在整體上表現從容與鎮定。在這方面你不妨以柯林頓、前德國總理施羅德或施密特等人為榜樣。
- 在最後給觀眾一個充滿信心與樂觀的印象。不妨事先想好一個原創的想法、一句激勵人心的名言，或是一個展望未來的呼籲。

修辭方面的建議

- 開門見山地進入重點，並且以清楚、簡短、好記的語句來陳述。
- 使用流行的、觀眾能接受的語言，此舉可以增進觀眾對你的理解與好感。
- 從觀眾／聽眾的「世界」裡舉出生動的意象、例證與對照。如此你可以打造出「大腦電影院」，進而讓核心信息更穩固地烙印在觀眾的腦海裡。
- 談話盡可能不看稿。
- 在陳述重要且困難的內容時，請放慢談話的速度。
- 談話時合宜地停頓。避免說得太快，並且請組織好你的思路。
- 不妨將回答分段：「理由有三：首先……其次……」
- 無可避免要陳述專業概念時，應當附帶解說。避免使用簡稱或夾雜外語（例如沒必要的美式用語）。
- 萬一出現了口誤，不妨直接進到後續的想法，或是利用如「換句話說……」、「更確切地說……」等短語將原本句子從頭陳述一次。

❖ 6 壓力訪問——你可以這樣克服困難狀況

　　在本節裡你將學到一些建議與防禦策略，可以幫助你在廣電訪問上展現自信與能力，並且讓觀眾／聽眾對你產生好感。除了與問答的言行舉止有關的秘訣以外，你還會認識到如何最妥善地應付詐誘性問題與刺激主題。在這當中，你不妨利用「封鎖、跨接、交錯」的技巧，在壓力訪問裡將主導權掌握在自己手中。

與訪問中問答行為有關的一般建議

- 事先確定好什麼是你想說的、什麼是你不想說的。請你帶著自己的核心信息去接受訪問，並且在訪問裡藉機傳遞出去。
- 在回答中包含「任意的」與「拘束的」資訊：
  － 拘束的資訊用來直接針對問題作答。
  － 任意的資訊則可用來說明你所屬企業的立場或提升你個人的形象。任意的資訊指的是那些你不受問題侷限想要傳遞的信息。你必須很有技巧地將拘束的資訊與任意的資訊連結在一起。如果你在回答問題後沒有停頓地（此時氣氛還很高張！）逕自銜接要補充的事項（「我得再提一下我們在環保所做的投資……」），那會很有利。
- 被問的問題越令人感到為難，你的回答就應當越短且越友善。如此一來，記者便不會有時間去思考下一個問題。當你回答得越久，不僅會將越多可以攻擊的施力點暴露給別人，往往還會降低他人對你的好感。
- 切勿重複記者在他的問題裡使用的貶抑或負面的措辭。
- 就觀眾／聽眾的角度看來，你的信息在以下情況裡才算有意思：
  － 流行且有意義的主題；
  － 指出對日常生活有何影響會引起軒然大波；
  － 附帶提出鮮活的例證；
  － 涉及個人利害。

應付詐誘性問題與刺激主題的秘訣

- 不要盲目地對刺激主題自投羅網。那些棘手的議題特別具有盲動的危險。請你好好考慮自己想說什麼、想透露多少內容、是否要老練地婉拒某個超出你的能力或權責的問題。
- 謹慎地檢驗一下提問的前提。在壓力訪問裡，你應當立即糾正提問當中嚴重的陳述錯誤。
- 盡可能別讓自己陷入「不利的賽場」（那裡有許多你不願表態的、棘手的、爆炸性議題）。萬一處境困窘，不妨乾脆重述自己的核心

信息（先前已牢記好！）。以下慣用語對你很有幫助：

——幸好這只是個案！總體來說，我們的策略非常成功。讓我舉三個例子說明……

——正如所有大型計畫，這個計畫也是有風險。然而，我們不能忽略它為人類與經濟所帶來的契機……

——我們的企業兼顧了經濟發展與環保。我很樂意就這一點做個說明……

以下你將學到一項很有效的技巧，藉助這項技巧，你不僅可以自行決定賽場，更可在困難狀況裡將主控權掌握在自己手中。

封鎖、跨接、交錯——你可以這樣取得主控權！

政治界與財經界的媒體行家會在訪問中把握每個機會傳遞自己想傳遞的信息。在這當中，他們或多或少會刻意運用駕馭技巧，將焦點從被提出的問題轉移到他們自己的主題上。電視訪問提供了許多與「封鎖、跨接、交錯」這項技巧有關的實例。將這項技巧發揮得淋漓盡致的政治人物有自民黨靈魂人物根舍、前德國總理施羅德、基民黨的蕭伯樂（Wolfgang Schäuble）、前外長費雪（Joschka Fischer）等。就連民主社會主義黨的前黨主席‧居西（Gregor Gysi）也都是這項辯證手段的箇中高手。圖十二說明了這項技巧如何在問答過程中發揮功效。

說明

階段 1 與 2：記者在提問時，請仔細聆聽。什麼樣的企圖可能隱藏在問題後面？它是

- 事實問題；
- 假設性問題；
- 含有後果問題的影射；
- 籠統的貶抑；
- 涉及某個邊緣面向的問題；
- 其他非就事論事的問題類型？

封鎖、跨接、交錯

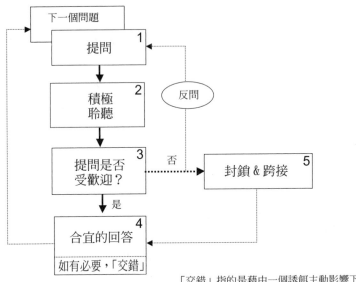

「交錯」指的是藉由一個誘餌主動影響下一個問題！

圖十二：熟練地應付問題：封鎖、跨接、交錯

階段3：一般說來，你很快就能判定對方提出的問題是否受到你的歡迎。

階段4：如果對方提出的問題是你歡迎的，你就有機會利用一個相關的核心信息作答。在你作答的結尾，可以藉機帶入某個關鍵詞，藉此讓訪問朝向某個如你所願的後續追問。你不妨在結尾處稍微提一下你未來的計畫（「在不久的將來，我們將實行一項新的環保方案，這項計畫將可減少百分之四十的碳排放。」這時記者很可能會追問：「能否請你為我們更詳細地說明一下這項新的環保方案？」）

如果記者吞下了你放眼未來的誘餌，你就可以主動地對後續的訪問發揮影響。

階段5：如果對方提出的問題不受你歡迎，你還是有機會技巧性地將焦點轉移到某個迎合你的主題。藉由「封鎖」與「跨接」便可輕鬆做

到這一點：

- 這裡的「封鎖」指的是罔顧問題或讓問題落空，並且自行其是地作答。「封鎖」一詞意味著可以委婉地說不，並以友善而堅定的方式將焦點轉移到迎合自己的主題。
- 「跨接」指的則是從不符合期待的主題轉移到符合期待的主題，進而得以將自己的核心信息傳遞出去。基本上，此處涉及的是「任意的」資訊，換言之是在訪問中不針對問題意旨所釋放的資訊。
- 選擇性的「交錯」：同樣的，你也可以在作答的結尾置入一個放眼未來的誘餌，藉此將訪問帶往如你所願的追問。

三個陳述範例

　　記者問了你一個並非如你所願的「爆炸性」問題。這時你不妨藉助「封鎖、跨接、交錯」如此回應：

　　「你的問題有點以偏概全（封鎖）。最重要的挑戰其實是在我們的服務策略（跨接）。」接著將你的核心信息傳遞出去……

　　「你問到了我們的策略的一個重點（封鎖）。我們擬訂了一個新的安全計畫，它比現行法律規定還要進步許多（跨接）。」接著將你的核心信息傳遞出去……

　　「乍看之下似乎是如此（封鎖）。然而，如果仔細觀察一下便不難發現，我們的服務其實已經改善許多（跨接）。」接著將你的核心信息傳遞出去……

　　在下下一節裡，你可以找到一些建議，這些建議將教導你，萬一遇到詐誘性問題或其他非就事論事的手段，你該如何先爭取時間，繼而根據自己設定的目標作答。其中的措辭範例還會提供你額外的建議，幫助你技巧性地「封鎖」，進而將焦點轉移到你的核心主題。

　　藉助「封鎖、跨接、交錯」的防禦技巧以及各種與防禦非就事論事的訪問圈套有關的建議（參閱第 206 頁起），也能讓你在談話性節目裡裡更加輕鬆地防禦主持人的詐誘性問題，或對手的不公平手段。

❖ 7 談話性節目──面對廣大觀眾的考驗

　　大多數的領導階層都覺得，參加談話性節目[24]不但壓力重，風險還很高。這與直播的性質、政治對手的出席，以及對社會大眾可能造成的廣泛影響有關。此外，擔心有負於客戶期待或是無法對討論進行發揮影響，害怕遇到主持人的詐誘性問題或對手出其不意的攻擊時灰頭土臉，這些因素都會讓他們產生那樣的感覺。

　　要成為一個表現出色的來賓，你不僅必須具備足夠的自信（參閱第一章），必須培養本章所述之柔性技巧（親切又有說服力的台風、扼要發表聲明的能力、熟練地處理詐誘性問題、刺激主題及批評的能力），你還必須掌握得以取得話語權並對對方的論點發動攻勢的對話技巧。為了可以管控風險並妥善利用上台的機會，你必須徹底做好準備；建議你，做個人練習時不妨錄影。

　　請預先仔細檢驗，對於預定的話題你是否是適合的代表。為了讓節目更有看頭，談話性節目多半會將來賓組成針鋒相對的陣營；沒有企業發言人不遇上工會代表，沒有政府官員不遇上在野的對手。請你事先搞清楚，自己在座談裡應該扮演什麼樣的角色。例如，你是否有可能出乎意料地陷入「一對多」的危險情況成為眾矢之的？因此，徹底研究來賓和主持人的態度、可能的論述及辯證的方式，都是準備工作裡不可或缺的。請你也思考一下，自己應該如何因應可能的就事論事或非就事論事的攻擊。此外，也別忘了探查一下可能對手的弱點，並且針對這些弱點擬訂一份問題集。最後請你還要為有目標地與其他來賓建立共同陣線做好準備。

　　如果能在良好的論述外同時具備干預的技巧，你將更在言語交鋒中妥善維護自己的利益。干預技巧的主要功能在於取得話語權，並且積極地對言語交鋒發揮影響。這類技巧會有低風險與高風險之別（參閱第156頁起）。

---

24 這裡的「談話性節目」指的是由一位主持人主持的座談性節目，節目中的多位來賓會激烈地討論某些發燒話題。好的談話性節目會寓教於樂或寓樂於教。──原注

向政治行家學習干預的藝術

　　若是你的抗壓力較低，不妨向對手提出理解上的問題，或追問對方的某項主張：「施密特博士，你哪來的自信認為民眾們會接受你的建議？」如果你完全或部分同意某位來賓的發言，可進而建構起一個共同陣線，你的風險無論如何會比較明確。你可以略施小計找到一個釋放「任意」資訊的入口，例如：「對此我想提出一個迄今尚未討論到的面向……」

　　其他類型的干預雖然隱藏著激化對立的風險，卻也包含了明顯獲益的機會。你可以先抓住一個關鍵詞，然後借題發揮（提出自己的聲明或批判性問題），或者，當來賓開闢「第二戰場」時，你也可以做點言歸正傳的提示。其他的干預技巧則是涉及以強硬卻不失公平的方式回擊影射或人身攻擊，或是將全新論點引入討論。那些在你看來是錯誤的或需要批評的論點或論據，不妨以友善又堅定的態度表達自己的看法。例如：「等一下，施密特小姐，妳的論述恕我無法苟同。事實絕非如妳所說……」或：「很抱歉，可是你的陳述完全悖離目前科學界的主流意見……」談話性節目的行家往往會利用一項特殊的技巧，藉此及早將注意力吸引到自己這一邊，進而左右大部分的討論。他們會早一步搶得發言權，丟出一個挑釁的論點，或某個特別帶有情緒性與戲劇性的話題。

　　一般來說，在電視的談話性節目裡，積極且有建設性地影響討論並同時表現出同情與真誠的來賓，往往可以獲得正面的關注。在電視修辭學裡有句一針見血的格言：顯得有同情心的人所說的話是對的。如果你能以觀眾聽得懂的話來陳述，並且輔以幽默、機敏應答或適度嘲諷，藉此喚起觀眾正面的觀感，你就能贏得觀眾的心。

補充幾點在談話性節目裡提高說服力的方法

- 準備好四到五個核心信息，連同事實、證據及明白易懂的例子在內。除卻例外的情況，一般來說你的發言時間不宜超過三十至四十五秒鐘（鐵律）。
- 盡早提出自己的核心信息。
- 萬一陷入激烈的爭辯，你的核心信息便是你「汪洋中的島嶼」。

- 藉助「橋句」（參閱第 71 頁起）與前述的「封鎖、跨接、交錯」技巧，你同樣可以在激烈爭辯中掌握主控權。
- 在結語中可以重申自己的核心信息、對某個目標團體提出呼籲（工會、社會大眾、政治人物、學術界、媒體等），或是針對在座談中所獲得的新知表達一點個人看法。
- 請牢記：你要說服的並非主持人或其他來賓，而是社會大眾。
- 當你取得了發言權：請以平和的態度交替地看著主持人與其他來賓。
- 當你在聆聽他人的發言：請你看著那位取得發言權的人。請注意，你隨時都有可能出現在畫面上。
- 如果遇到情緒性主題，請藉機表達自己的經驗與擔憂。請你認真看待大眾的憂慮與不安。

避免宰制的表情和動作，即便你覺得自己占上風。宰制會降低你的同情。因此，請將以下這些或類似措辭列入「黑名單」：「不，你的資料是錯的！」、「你簡直錯的離譜！」、「你對財經問題沒有通盤了解。」（參閱第 73 頁）。

攻擊對手的弱點

- 始終留心對手論據的品質。切勿上了對方修辭表象的當，尤其是對手信心滿滿表達出來的數據、資料或研究成果。它們可能是捏造的。你不妨充當「魔鬼代言人」，探詢一下資訊來源或隱藏在對方引用的研究成果背後的利益。此外，你還可以質疑數據與資料的正確性，或是針對研究成果指出，如今對於每個主題都有成千上百不同的研究。
- 對手提出的證明強度大抵等同於他的整個論證鏈當中最弱的一環。如果你朝那些弱點發動攻擊，戰略上會對你很有利。將可能解答帶上實驗台的有效方法之一便是現實測試。你可依據檢驗標準詢問對手，打算如何落實他自己的想法？措辭範例：「請問你提出的辦法經費從何而來？」、「你的建議是否符合大眾的需求？」

- 不妨利用辯證的「信心測試」，藉此揭示對手在受迫時有多不安、有多容易自曝其短。令人不安的提問方式如：「你哪來的自信認為這就是最好的方法？」、「相較於目前所提出的各項建議，你的建議有何特殊之處？」、「為何你不提這當中的風險？」、「萬一你的預測太過樂觀，我們該怎麼辦？」

主持人的秘訣

　　談話性節目的主持人需要的個人條件及引導技巧，在某種程度上類似會議主持人（參閱第十章）。不過，在目標設定、話題、來賓組成、戲劇效果及社會觀感等方面，兩者有顯著的不同。

談話性節目的主持人應當

- 保持中立態度，不採取特定立場做評價，遵守公平競爭的規則；
- 妥善組織討論，讓主題的相關面向都能獲得討論；
- 提出讓外行的觀眾同樣可以熱烈關注的問題（參閱下述相關說明）；
- 妥善處理好某個面向／論點，藉助引導問題將討論轉移到下一個子主題；
- 萬一某位來賓離題、發言時間過長或使用不公平的手段，必須出面干預；
- 偶爾允許對手之間唇槍舌劍；
- 從頭到尾以尊重的態度對待來賓，維持公平競爭，堅守節目流程；
- 有能力處理困難的狀況，並讓充滿情緒性的討論降溫。相關說明請參閱第十章。

喚起並維持觀眾的注意力

　　藉由擇取有意思的話題與來賓，便足以讓討論朝有益且有娛樂性的方向前進。遵循以下擇取原則有助於做到這一點：

● 和許多人切身關係的話題（例如國民年金、人口老化、健康、穩定的工作、金融危機等）；

● 民眾看法呈現兩極因而熱烈討論的話題（例如哈茨方案 [25]、低薪、替代能源、仇視外國人等）；

● 新鮮的話題（例如醫學或科技方面的躍進）；

● 會對自然與人類帶來深遠影響的話題（例如氣候變遷、恐怖主義等）；

● 影響世界發展的話題（例如第一位上太空的人、柏林圍牆倒塌、九一一恐怖攻擊事件、戰事一觸即發的危險區域、阿拉伯之春等）。

在討論過程中，主持人必須設法讓觀眾保持高度關注。萬一出現以下情況，主持人應當適時干預：

● 來賓說的話讓人聽不懂，或是使用抽象的專業術語；

● 理性討論的比例過重以致娛樂性大減；

● 來賓利用無人可以檢驗的數據、統計或研究成果進行論述；

● 某些來賓藉機自我宣傳，將節目當成個人能見度的提款機；

● 來賓談論的內容泰半或完全與觀眾的日常生活無關；

● 來賓做出情緒性攻擊、籠統的指責，或是根據「萬一你拿到一手爛牌，不妨攻擊你的對手」這樣的模式採取惡意的修辭，以致觀眾失去了觀看的興趣。

❖ 8 附記：壓力訪問遇上困難時適用的橋句

萬一遇到特別困難的問題，請你利用「橋句」（參閱第 71 頁起的概念說明）做為心理緩衝器。在遇到困難與不公平的手段時，以下措辭範例可以幫你爭取時間，並在逆境中保持從容與鎮定。

---

25 德國政府針對失業人口調整救濟內容、培訓與促進再就業的社會改革方案。

狀況 1：訪問者排山倒海丟出一連串未經證實的斷言與指責

　　這類不公平手段的危險性在於，它們會讓你所屬的企業蒙上惡劣的形象。遇到這樣的狀況時別讓自己陷入不安，即使對方是以十分情緒性的方式提出這些斷言。

問題	你們企業的形象簡直糟得一塌糊塗！你們已經連續兩年虧損，還遣散了三千多名資深員工。此外佛萊堡的環保研究所更指出，你們在環保問題上可說是完全盲目。如今顧客對你們的惡感前所未有地高。對於走下坡，你有何解釋？

　　重大辯證錯誤之一在於，挑出某個負面面向予以反駁。在觀眾眼裡，此舉似乎代表著你並不反對其他的指責。因此，建議你，先用一句話評斷對手斷言的一切。緊接著再提出兩、三個足以提升你所屬企業之形象以及鞏固你個人立場的論點。

回應	你剛剛說的都不是事實（橋句）。首先我想澄清的是……（在這當中，你用一句話評斷了對手所陳述的一切。）
	或是：
	值得慶幸的是，你的陳述與事實全然不符（橋句）。我想就XY主題稍微做個說明……
	或是：
	你連珠炮似地丟出一連串籠統的指責；所幸你的陳述與事實全然不符（橋句）。

狀況 2：訪問者做出籠統的影射

　　記者只是單純提出斷言，卻沒有附帶可以支撐的理由。

問題	1.許多重要行銷專家都全盤否定你的策略，關於這一點，不知你有何解釋？
	2.你身為多年的安全顧問應該也曉得，你所屬的企業在環保方面總是在大眾施壓之後才勉強有點作為。為何你們會如此欠缺環保意識？

　　不妨在回答裡指出這種籠統的說法與實情不符。也可以藉助「我信息」先表達出自己詫異於這種說法，接著再回應。你甚至可以利用反問技巧，誘使記者說得更具體或提出證據。

回應	針對1：這是個不清不楚且與實情不符的論斷。實情是……
	或是：
	你的問題包含的影射與事實不符。
	針對2：這只是你主觀的意見。實情正好相反……
	或是：
	你的問題讓我十分詫異，因為在環保方面我們才剛有一系列的相關措施上路，這些措施甚至遠遠超過了現行法令要求的標準。且讓我舉三個例子說明……

狀況3：記者提出的問題或異議不全然正確

　　如果你對於對方提的問題或批評有部分同意，不妨使用合宜的橋句。例如這樣措辭：「原則上我同意你的說法……」；「你所說的我大部分都同意……」；「部分同意，部分不同意……」；「我可以理解你的評斷……」；「就 X 這一點，我同意你的說法，不過，在 Y 這一點上，我倒是有不同的意見……」

問題	1.你們連續兩年都出現虧損。顯然在管理方面出現了嚴重錯誤。
	2.你們公司讓三千多名員工流落街頭。這些人成了四百五十多萬失業族群的一員。在雇用政策方面，你們公司負了什麼樣的責任？

　　萬一記者的問題裡隱含著部分事實，不妨先強調你同意其論斷的哪些部分，接著再提出對你自己立場有利的新論點，透過這樣的方式提高自己的可信度。

回應	針對1：乍看之下或許是如此（橋句）。然而，如果仔細觀察一下便不難發現，主要是幾件為數可觀的未來投資造成我們資產上的負擔。其中有兩項數據我想大致說明一下……
	針對2：我們非常認真地看待自己的雇用責任（橋句）。因此，這其實是攸關如何確保四萬五千個工作職位……

狀況 4：記者利用後果問題影射

　　你的對手提出一個錯誤的論斷，並且將這個錯誤的論斷連結到某個問題上。如果感受到的壓力越大，未曾受過訓練的人便越容易對這樣的不公平手法自投羅網（參閱第四章）。

問題	你們公司從四年前的石油災害之後，環保意識方面已被視為異類。未來你們究竟有何環保目標？

　　防禦策略很明顯在於：完全釐清隱藏於問題裡的錯誤前提。

回應	我不曉得你這樣的說法是怎麼來的。實情正好完全相反……
	或是：
	這或許是你個人的主觀認知。所幸實情與你所說的正好相反……
	或是：
	首先，我得指出，你的問題影射錯誤。我很高興能藉這個機會仔細說明我們的環保理念……

狀況 5：記者在問題裡夾帶著負面的觀點與經驗

　　訪問者不僅把問題焦點擺在你的計畫或解決方案的缺點上（諸如風險、弱點、驗收問題等等），並且還援引報章雜誌的批評、專家的評論或不滿意的顧客經驗來當佐證。

問題	1.駕車出遊的人對於你們非得在假期之初於國道三號施工感到十分火大。
	2.廉價航空公司的你們總是標榜服務與顧客至上。可是許多旅客不僅對訂位和辦理登機手續的混亂多有不滿，更對欠缺應有的服務怨聲載道。關於這些情形不曉得你有何說法？

回應	針對1：首先我得說，從駕車出遊者的角度來看這件事是沒有意義的（橋句）。如果我們去了解一下細節就會知道……
	或是：
	駕車出遊者的情緒反應我完全可以理解（橋句）。如果去了解一下施工日期背後的理由就會知道，這個選擇其實是迫於無奈……
	針對2：你逐條提出一些負面經驗。當中顯然忽略了我們實際做到的……
	或是：
	你的問題告訴了我，我們理解的服務與顧客至上還不夠明確。我很樂意藉這個機會……

狀況 6：記者提出假設性問題

　　訪問者的目的在於請君入甕。他想要引誘你針對某個假設性狀況做陳述。

問題	萬一你們的顧客對於新的服務方案不買單，你要怎麼辦？

　　在假設性的情況裡做出盲目反應的風險特別高。因此，切勿魯莽地對臆測狀況自投羅網。

回應	你的問題是基於一種非常悲觀的假設。我們認為這項服務方案會廣受歡迎。樂觀的理由基於三點……
	或是：
	這是你自己想像出來的狀況的，具有高度臆測性……
	或是：
	這個問題裡的假設成分過高。根據各種嚴謹的研究，我們認為……

狀況 7：記者援引某項「批判性」研究

　　訪問者引用對你的論證帶有批判色彩的學者意見或研究結果。

問題	在電磁波這件事情上，來自基爾的瓦舍曼教授以及佛萊堡的環保研究所都提出十分嚴厲的批判……

　　答辯時請謹記，對於每個充滿爭議的主題如今都有一大堆（往往成千上百）可信的研究。不妨將這樣的事實用在你的回答上。

回應	如你所知，目前其實有許許多多電磁波有關的研究。我們對於電磁波危險性做的判斷，是基於馬克思・普朗克研究所與佛勞恩霍夫研究所的研究。在此我僅引用兩項具有代表性的…… 或是： 對於每個議題都會有贊成與反對的…… 或利用數據來論證： 我這裡有項數據可以反映你的說法不夠充分……

狀況 8：記者不斷打斷你的談話，或加快自己的提問速度

　　記者違反公平訪問的規則，意欲令你不安，從而完全亂了方寸。他使用了兩種往往會在壓力訪問中聯合使用的非就事論事手段。一種是不斷地在你完整表達自己的想法之前就打斷你的談話。此舉目的並不是要幫助討論針對事實（例如在多話者的情況），而是旨在讓你不知所措。另一種則是訪問者會加快自己的提問速度，藉此對你額外施壓。

　　「亡羊補牢，猶未晚也」，這句話同樣適用於上述兩種不公平的手段。因此，請友善且堅定地捍衛自己的發言權，並且完整陳述自己的論證。切勿喪失主控權，務必保持從容與鎮定。萬一記者加快提問速度，建議你，藉由刻意緩慢且清楚的陳述來回應這種手段。無論如何，切勿接受對手強加給你的速度。

回應	打斷發言的狀況：
	麥爾先生，你提了一個問題我很樂意完整回答……」
	或是：
	很抱歉，我想為觀眾陳述完我的論點……
	或是：
	麥爾先生，請你讓我把話講完！這一點對觀眾來說很重要……
	提問速度加快的狀況：
	麥爾先生，你究竟在急什麼？我們的觀眾期待能懂你的問題。我想再次強調……（接著刻意緩慢且清楚地陳述）
	或是：
	麥爾先生，請別那麼快！應該設法讓觀眾都能全部理解（橋句）。我的兩個重點就是……（接著刻意緩慢且清楚地陳述）

狀況 9：記者對你人身攻擊或侮辱

　　特別在討論爆炸性的與充滿情緒性的主題時，你很有可能會遭到人身攻擊，譬如不公平的影射、羞辱，或冷嘲熱諷地詆毀。

　　我們已在第四章認識過處理這些或類似狀況的方法。是以，在這裡我只針對訪問的情況補充一些可以利用的橋句：

- 不曉得你提出如此輕蔑的問題有何意圖？
- 我實在看不出來你的問題有何公平可言？
- 吵吵鬧鬧無濟於事，何苦這麼做？
- 如果讓我針對你的問題當中與事實有關的內容來說，那麼……

緊急狀況的生存策略

　　萬一情況變得「困窘」，不妨依循自己正面的核心信息，利用它們做為回答的開頭！如果記者提到一些例如在服務方面的負面經驗，不妨先指出重要的改善與額外的績效，接著再以鮮活的例證鞏固自己的論述。

回應	請允許我先說明我們新的服務方案……
	或是：
	我們的服務方案包含了三種要素，第一……、第二……、第三……
	或是：
	先針對你的問題做個簡短說明……
	或是：
	人們往往忽略掉我們在XY方面的成績。我舉三個例子……
	或是：
	在我回答你的問題之前，我想先說明一下我們的服務方案的基本理念……

權利的面向

如果只是偶爾與廣播或電視工作人員打交道，一般人幾乎都不太曉得自己在受訪或發表聲明時有何權利。當訪問主題越具有爆炸性，以下這些關鍵事項便越重要：

- 約定好訪問的長度。如果訪問時間較短，請務必與對方約定好只能截取完整的問與答。否則斷章取義的門戶將洞開。
- 相關錄製必須在你表示同意之後方能開始。
- 萬一你有口誤，可以隨時叫停，並且要求重新錄製。
- 如果可以的話，在錄製完成後，請要求預先審視一次錄製的影像和聲音。在這當中請你注意，你的核心信息是否已清楚陳述、你的肢體語言是否妥適強調了你所述的內容。
- 千萬不要限定訪問裡哪些陳述應被使用。
- 請務必堅持，你重要的核心陳述必須保留在訪問中。
- 基本上，所有的錄音，無論是發表聲明抑或是在受訪，除非受訪者有意自行承擔「公開的剩餘風險」，否則唯有在受訪者同意的前提下才允許錄製。所謂「公開的剩餘風險」指的是，例如在公開活動裡你自願站到一堆麥克風前，在那裡向社會大眾發表談話。然而無論如何，你都可以拒絕「突襲式」的訪問，換言之，在你毫無準備

的情況下，突然有人將麥克風伸向你，並且要你發表聲明。

- 萬一遇到骯髒的競選手段或不乾淨的報導，應該向在這方面經驗豐富的法界人士尋求諮詢。

14 做簡報時的困難狀況

本章主題一覽：
1 準備工作以客戶為取向能獲得更多安全感
2 執行的秘訣
3 克服干擾與困難狀況

　　無論是在做簡報 [26] 的過程中，抑或是隨之而來的互動及討論裡，你都可能遭遇到會帶來龐大壓力的困難狀況。本章將為你指出一些保證有效的途徑，教你如何最妥善地處理這些障礙，並且提升自己上台的品質與成效。這些說明著重在利用電腦做簡報，因為這是目前最常見的報告形式。其中與討論行為及應付干擾有關的建議，同樣可以毫無問題地應用在其他報告形式裡。

❖ 1 準備工作以客戶為取向能獲得更多安全感

　　如果想要擬訂一套量身訂作的簡報策略，妥善的準備工作絕對不可或缺。此舉不僅能幫助我們做最好的媒體選擇與應用，更能幫助我們為簡報和討論中可能面臨的困難狀況做好心理準備。

　　報告成功與否，主要關鍵在於你能否讓聽眾對你產生正面的觀感。

---

[26] 這裡的「簡報」是指借助媒體將內容傳達給一小群聽眾的形式。簡報泰半含有討論階段。在討論階段裡除了會回答問題和異議，有時還會在與聽眾對話中繼續發展出各種解答建議。——原注

為了避免誤判,當你在準備報告時,請你改變觀點,改以聽眾的視角、偏好和經驗背景來審視自己的投影片及整體的視覺策略。在這個過程中,以下問題對你會很有幫助:

● 聽眾或許慣用哪些媒體?在準備階段裡務必探聽一下客戶公司的報告文化,尤其是國際商務的客戶。由於每位聽眾都會想要擁有「賓至如歸」的感覺,因此你所使用的媒體與對方所慣用的媒體之間,切勿存在太大的「隔閡」(鴻溝)。是以,如果你的報告對象是由最高或次高階層所組成的決策小組或是政治人物,你最好使用講義。

● 請你以分類的觀點審視一下自己為報告準備的投影片,將所有無法加分、沒有效用,以及過度高於或低於聽眾知識水準與教育程度的投影片刪除。請你將刪除的部分當成備份投影片。

請注意:在報告的每個階段裡,聽眾的觀感都很重要!資訊的認知、處理和記憶不能在任何一個環節受到干擾;或者,以別的話來說,你應當讓聽眾在整個報告過程中都有舒適的感覺。

在設計簡報方面,你至少應當遵循以下幾項秘訣:

● 限制每張投影片的資訊量。鐵律:每張投影片要有百分之二十五的部分留白;每張投影片最多七行字;以關鍵詞代替句子。

● 將內容詳盡、不用說明也能看得懂的投影片與各種相關細節,放入準備發給聽眾的講義中。

● 切勿連續播放超過兩張以上純文字的投影片;如果可能的話,請以簡單的結構圖代替字卡。

● 不妨利用全畫面的照片、動畫或影片來提振聽眾的興趣。

● 避免使用尖銳的聲音或過度刺激的影像,因為這會有損報告的嚴肅性。

　　我已在第二章大致說明過如何針對目標妥善準備的方法。至於用或不用電腦來做，你都可以在相關指南裡找到一些實用秘訣 [27]。

❖ 2 執行的秘訣

　　你已經謹慎地準備好簡報，做簡報的場地也如你所願地布置妥當，投影器材與內容已調整到最好。基於你事先的練習和預演，你很清楚你不僅可以熟練地操作這些電子媒體，也能在預定時間內做完簡報。這時你已具備了必要的安全感，可以有說服力地「販售」你的簡報內容。

　　你的簡報在觀眾眼裡究竟有多少說服力，還得要看你於簡報的前、中、後在台風、內容、媒體及互動等各方面的表現而定。以下實際秘訣能幫助你在做簡報時以聽眾為重，製造緊張氛圍，並且讓聽眾的注意力高度集中。

簡報的執行秘訣
1. 你才是信息！
2. 與聽眾保持眼神接觸
3. 利用戲劇性元素製造張力
4. 遵循「拉鍊原則」做報告
5. 針對聽眾組織自己的投影片
6. 遙控器必不可缺

---

1. 你才是信息！

　　你藉著上台的機會將自己的信息個人化；你為自己的信息賦予了一張臉，也就是自己的臉。個人化迎合了聽眾的期待；他們想知道的是自己在與誰互動，他們最關心的是報告者是個什麼樣的人，其次才是報告的內容。因此請你注意，別讓圖解或視覺亮點宰制了你的報告！如果在

---

27 參閱Albert Thiele: *Präsentieren ohne Stress. Wie Sie Lampenfieber in Auftrittsfreude verwandeln*. Frankfrut a.M. 2010; Josef W. Seifert: *Visualisieren, Präsentieren, Moderieren*. Offenbach 2011

報告過了幾週之後聽眾只記得 PowerPoint 或 Keynote 的圖片，卻記不得報告者本人，那會讓人相當遺憾。因此，請你讓自己的臉孔、個性及思想成為焦點。請你用友善與熱情的表現，而不是用一連串的投影片去擄獲觀眾的心。唯有當科技應用不會限制住你的個人魅力、靈活性，以及你和觀眾的情感聯繫，它們才會顯得有意義。基本上，每種報告媒體都只具有輔助性質。

2. 與聽眾保持眼神接觸

　　不妨將聽眾分成三個（約同樣大小的）視覺圈，一個中間、一個左邊、一個右邊，如此一來你便可以平均地與所有聽眾保持眼神接觸，而且不會有遺漏。這樣的「知覺圈」有助於你在平穩的變換中與所有聽眾眼神接觸。請你不要忽略掉任何一個人，因為每個人都有獲得尊重的需求。相較於有一大群聽眾的情況，當聽眾僅有一小群時比較容易做到這一點。有時你可能會因為要檢查一下筆電播放的投影片是否正確，或是因為要用雷射筆指出重要資訊，不得不中斷一下與聽眾的眼神接觸。不安或經驗不足的報告者，往往會在做報告時一直盯著科技輔具。為了讓自己與觀眾保持接觸，你應當遵守這項鐵律：百分之九十的時間看著聽眾，剩下的百分之十的時間才留給筆電或投影布幕。

3. 利用戲劇性元素製造張力

　　為確保聽眾的關注，並且讓你本人更受矚目，戲劇性效果可說是十分重要。你可以三不五時中斷投影片（播放黑色投影片），或是目標明確地在舞台上變換位置（例如站到舞台中央，在那裡說明某個案例、講述某個成功故事、強化某個核心信息或主持某個問題的討論）。最明顯的位置（前方中間）最適合你鼓動聽眾、在情感上吸引聽眾。另一種戲劇性變換位置的方式就是走到白板旁邊，「當場」畫出一幅結構圖，或是寫出某個關鍵詞或重要數據。藉由沒有投影片的表演段落，你可以將聽眾的注意力百分之百地轉移到自己身上。

4. 遵循「拉鍊原則」做報告

如果投影片內容與你的陳述能夠（像拉鍊那般）緊密地互補，聽眾會更容易吸收資訊。當中必須注意的是，應當同時說出投影片上的訊息。如此你便可確保聽眾高度關注，並且降低失焦的風險。

無論如何，請用口語陳述投影布幕上本來就看得到的內容來避免重複。文字與圖片應當力求和諧、互補。賈伯斯所做的簡報是值得學習的典範。他讓口語說明和視覺輔具完美達到相輔相成的效果。他慣用簡單、形象化、文字精簡、帶有許多留白的投影片。這種簡約的投影片形式不僅為他創造了講故事的空間，更讓他從而得以與觀眾保持緊密接觸。你不妨上 YouTube 好好觀摩一下這種卓越的報告風格。

根據拉鍊原則的邏輯，報告用的投影片務必設計精簡。因此建議你，針對不同的使用目的製作不一樣的投影片：

1.「精簡的」投影片用在報告裡；

2.「深入的」、「完整的」投影片用在發給聽眾的講義裡。

講義裡所附的投影片當然要比較複雜，因為它們必須讓聽眾可以（在沒有報告者的口頭說明下）理解報告內容。

5. 針對聽眾組織投影片

一般來說，報告者會對自己在報告中使用的每張圖片及其順序瞭如指掌。這可能會導致報告者錯估了報告速度。因為人們往往會忽略，投影片的內容對於聽眾而言其實是新的，他們的理解可能會有困難。因此，當你在準備或實際做報告時請務必牢記，你的聽眾其實還不知道你的報告內容是什麼。

如果你能採取以下這四個步驟來表述投影片，聽眾會比較容易吸收資訊：

步驟一：預告投影片（「下一張圖將說明這項關係…」）

步驟二：播放投影片並且讓聽眾短暫觀看

步驟三：解釋投影片（先解釋結構／關係，再解釋內容）

步驟四：扼要地總結，接著進入下一張投影片

6. 遙控器必不可缺

　　藉助遙控，你便可以在報告中自由地活動，可以用按鈕來播放或關閉投影片。此舉不僅可以讓你顯得專業，更給了你較多運用戲劇性因素的操作空間。此外，利用複合式的雷射筆，你還能夠將聽眾的注意力轉移到投影布幕上的重點。

❖ 3 克服干擾與困難狀況

哪些是要處理的干擾與困難狀況？

1. 提早的討論發言
2. 會議裡私下交談與騷動
3. 獨白與優勢姿態
4. 簡報時間短於事先規劃
5. 技術方面的差錯
6. 無法展開討論
7. 討論的主持
8. 超出你專業能力的異議與問題
9. 多人同時發言
10. 總結討論時的不安

　　類似於對話與研討會，做簡報時你同樣可能會遇到觀眾言行舉止造成的「干擾」。這些事件會讓觀眾分心，阻斷他們對於你及事實主題應有的注意。因此建議你，打造能接受微弱（例如肢體語言）信號的強力天線，好讓自己能對這些狀況及早反應。否則的話，小小的干擾都可能如星星之火，足以燎原。此外，對於如何掌控互動與討論中的困難狀況，我們應該做思考上的周慮準備。

　　請始終牢記，在處理干擾與困難狀況時，你同時身兼報告者與關係管理者兩種身分。因此，你的干預行為無論如何要帶著尊重的態度。對於建立互信與發展長期夥伴關係而言，人與人的關係要比數位科技和多媒體來得重要多了。因此，在報告中與報告後，務必留心在整個關係鏈

上對觀眾帶來正面影響。務必要讓每位觀眾都能感覺到，他們是你最在意的重心，身為報告者的你，對於能夠與他們對話並且一起解決他們的問題，心中感到相當榮幸。

1. 提早的討論發言

如果在報告的初始階段就有人發問，萬一處理不好，可能就會演變成浪費時間的討論，甚至完全打亂你原本的計畫。

防禦性的干預：

- 立即回答理解方面的問題，至於延伸問題或異議，不妨另闢一個對話時段。如果你能在引言裡對觀眾提示這樣的進行方式，這一點更容易做到。你可以像這樣措辭：「如果你有理解上的問題，可以在為時約十五分鐘的報告裡直接提出。至於延伸問題，我會很樂意在後續的討論中回答。」

- 將報告過程中提出的延伸問題記錄在白板上，待到後續討論階段再處理。遇到第一個「干擾」問題時，你不妨這麼說：「這個問題相當特殊，我很樂意在討論階段再回過頭來回答。我先將你的問題列入懸而未決的範疇。」接著你就在白板上將問題寫下。

- 對於提早提出的問題或異議，我們往往也可以提示報告綱要做為立即的回答。「舒曼先生，你提到了一個面向，這個面向我將在報告的第三點裡說明。不曉得你是否同意我幾分鐘之後再來回答你的問題？」如果能將報告大綱寫在某個地方（例如白板上），並且當場指出與問題相應的綱要處，會更容易做到這一點。

2. 會議裡私下交談與騷動

萬一觀眾們在私底下交頭接耳並起了騷動，一般說來這是個警訊。這代表著，觀眾降低了對你的注意力，連帶的你的報告成效也會受到危及。回應的方法：

- 藉助開放式問題刺激你的觀眾：「你們對我做的報告了解到什麼程度？」；「什麼事情是懸而未決？」；「你們從以上報告裡學到了什

麼？」

- 引入一個新的（具有激勵性的）觀點。
- 強調你的建議的效用。效用比事實和細節資訊更激勵人心。
- 運用修辭工具，例如變化音量、增加活力和情緒、舉出鮮活的例證或比喻。
- 變換媒體。
- 設法（例如藉助某些與其職權範圍有關的關鍵詞）刺激那些看起來興趣缺缺的觀眾，鼓勵他們參與討論。
- 萬一上述各種方法全都於事無補，建議你，不妨先總結一下自己的核心信息，接著立即進入討論階段。

3. 獨白與優勢姿態

要應付那些令人抓狂、一路批評個不停或自以為是的觀眾，除了要有辯證的技巧，還必須拿捏得敏銳（參閱第四章）。以下回應方法被證明有效：

- 如果你是向層級較高的領導階層或客戶做報告，先多花點時間耐心聆聽對方的發言，接著再簡短且專業地回答。始終謹記，在要求發言的聽眾背後，很可能還隱藏著情緒性的動機（例如要求確認、認可等等）。
- 在許多情況裡，你不妨友善地打斷對方，探詢一下關鍵的論點或批評：「穆勒博士，我還是不太清楚你論述的重點究竟是什麼？」

4. 報告時間短於事先規劃

做報告的人必須事先考慮到，原本規劃的報告時間可能會不夠。這有可能是因為其他的報告者占用了太多時間，有可能是因為提早出現的討論拖延了報告的進度，也有可能是因為邀請人在報告開始前不久甚或在報告中，突然暗示你應該將報告大幅縮短。

突如其來的變更很可能會讓人感到巨大的壓力。這也有可能是因為用電腦做報告要擷取特定圖表而忽略其他圖表不是那麼容易。

實用秘訣

- 預先製作一份投影片大綱一覽表。帶有對應編號的投影片序列便可一目了然。
- 訓練自己在報告過程中「切換」至某張特定投影片。以下是你必須知道的幾個 PowerPoint 指令及快捷鍵：
  - 直接切換至該投影片：鍵入編號後按「Enter」。
  - 使銀幕變黑／還原：按「B」或「.」
  - 使銀幕變白／還原：按「W」或「,」
- 作為替代方案，你也可以準備報告路徑與超連結，它們可以幫助你直接跳到你認為特別重要且適合狀況改變的投影片。
- 事先模擬緊急狀況，並且練習在這些狀況中控制好時間。

5. 技術方面的差錯

根據過往經驗，使用電子媒體做報告時，「凸槌」的狀況往往會攀升。這當中包括了電腦當機、投影機故障、無線滑鼠失靈等等。

以下是各種有效的應變計畫：

- 萬一在你報告的時候電腦「當機」了，不妨把你的報告題綱發給大家，藉助這個「持久媒體」說明剩下的內容。
- 如果你既沒有報告題綱也沒有投影片集，你就只能藉助可資運用的持久媒體（例如掛圖與白板）以口頭方式完成報告。
- 如果「當機」的情況發生在報告尾聲，你不妨總結一下截至目前為止的報告內容，緊接著就展開討論。
- 請事先演練自己的應變計畫！

6. 無法展開討論

諸如「不知各位對於以上的報告有何疑問？」或「對於以上的報告諸位有任何疑問嗎？」這些正式的開場，都會有全體噤不作聲的危險。因此，在大部分的情況裡，你最好選擇一種可以直接引發互動的開場方式。

舉例來說，你不妨：

- 先來個預先對話或休息對話:「穆勒博士,在我們先前的討論裡,你指出了回收能力的重要性。不知你對我們的建議有何評論?」或「在剛剛的休息時間裡,有人問我……」
- 請某位你熟識的觀眾發表一下他的看法:「文克勒先生,不知你對我們提的樽節方案的可行性有何看法?」
- 提出一些開放式問題,藉此刺激觀眾:「不知大家在這方面有何經驗?」或「各位對於這項新的解決方案有何看法?」

7. 討論的主持

在大多數報告裡,報告人會同時身兼討論的主持人。主持討論的過程中,請你留心,應以就事論事與合作的態度來處理觀眾的發言,即使你面對的是困難的問題或批判性異議。如果你能做到以下這幾點,你就能履行這項基本原則:

- 對觀眾表示關注與興趣;
- 視實際情況朝著觀眾走幾步;
- 保持眼神接觸,允許完整發言;
- 以觀眾的名字稱呼觀眾;
- 盡力理解發言;
- 遇有意見相左的情況,先找出彼此的共同點。

8. 超出你專業能力的異議與問題

即使準備十分妥善,你還是有可能遇到你無法回答的特殊問題。視實際情況,不妨委婉地拒絕回答並建議之後再針對這項問題進行對話,或是利用某些限制性的慣用語來回絕(參閱第八章)。

9. 多人同時發言

如果你鮮少主持討論,一旦遇到多位觀眾七嘴八舌同時發言,你的腎上腺素可能會立即飆升。以下幾項簡單指揮技巧會對你很有幫助:

- 你可以讓大家依照報名先後順序或根據內容觀點輪流發言。萬一

場面陷入混亂，你不妨大聲地說：「很抱歉，剛剛有多人同時要求發言。我希望能夠依照先後順序回答。麥爾先生，你是第一個舉手的，不曉得你有什麼問題或意見？」

● 如果觀眾們提出了為數眾多且南轅北轍的問題或異議，不妨依據主題將這些問題分門別類。不過，你最好先和觀眾在這樣的進行方式上取得默契。

● 先檢查一下各種不同的意見，看看是否為相同的主題。

● 先將所有的發言寫在白板上，接著再一一回答。在十分情緒化的討論裡，這招往往相當有效。

● 如果提出的問題已經超出大多數觀眾能理解的範圍，不妨先簡短地回答，接著再與提問人相約於會後私下對話。

補充兩個秘訣：

● 在討論的過程中，你不妨從容地回頭再利用先前用過的投影片或其他視覺方面的輔助工具。

● 策略上的一項提示：萬一遇到了棘手的異議，不妨多接受幾個提問（可以將它們記在白板上），藉此為自己多爭取一點時間。

10. 總結討論時的不安

當你最後在為討論做總結時，務必重申報告與討論的重點（核心信息）。一般說來，如果這部分由邀請人代勞，你便可省去這項工作。這樣你只要在最終向邀請人表示感謝就夠了。

15 附錄：適用於女性主管的說話術

本章主題：
1 刻板印象探究：「典型男性」與「典型女性」的溝通風格
2 對女性特別重要：打破心理障礙
　一藉由增強自信克服自我懷疑
　一情緒距離使人強大
　一利用貫徹能力得分
　一扼要說明能帶來說服力
　一態度堅定，聲音平穩
　一從獨行俠到網絡管理員
　一自我行銷：謙遜無效

　　遭遇到新挑戰或必須在困難狀況下進行說服工作時，許多女性往往會自我懷疑且心生畏懼。她們總是擔心自己會無法勝任任務，會犯錯，會在言語交鋒中屈居劣勢。有別於男性通常傾向於高估自己，女性則多半對自己不太有信心或低估自己的潛力。在各種溝通情況中，這點經常會明顯地表現在諸如以下幾個方面：即使具備頂尖專業能力的女性也會羞於表達自己的意見、遇到格言論證時會不安、在以男性居多數的小組裡會感到壓力特別重。

　　本章主要是針對意欲改善自己的壓力辯論能力的女性主管與專業人員。實用秘訣方面則是著重於在我們的辯論訓練課程裡的女性學員感到特別重要與迫切的狀況及學習需求。事實上，也有不少男性不僅沒有自

我高估與野蠻專橫的傾向，反而還具有與女性類似的困擾；本章所述內容對他們同樣有助益。不過，我們首先得來談一個與本章第二部分裡的建議密切關聯的問題，那就是：男性和女性在溝通方面的特點。

◈ 1 刻板印象探究：「典型男性」與「典型女性」的溝通風格

如果妳問自己或別人這個問題，或許會得到像這樣的答案：男性在辯論時比較就事論事、比較強勢、比較不會流露情緒，他們喜好權力遊戲，善於建立良好的人際網絡，往往會嘗試用盡各種手段，他們會利用上台的機會塑造個人形象並做自我行銷；相反的，女性在辯論時不僅比較會流露出個人情緒，而且也比較會表現出個人的同理心或同情心，措辭上她們傾向謹慎與質疑，往往想要討喜，願意好好傾聽，受到批評便會不安。在職場上，女性羞於公然與對手交鋒或做自我行銷。

如果妳根據自己在職場或日常生活中的種種經驗，絕對可以毫無問題地修改或擴充這份男性女性的溝通特質清單。

大多數的民眾都相信，男性和女性在溝通風格上有顯著的差異。對於這樣的想法，德國的「阿倫斯巴赫民意調查研究所」（Institut für Demoskopie Allensbach）曾經做過一項有啟發意義的典型調查[28]。

當前的年輕世代居然強烈懷有以下各種性別差異的刻板印象：
- 在受訪者看來，男性在辯論時比較就事論事、單刀直入，他們具有較強烈的企圖心，想要貫徹自己的意志，而且無懼於衝突。此外，屬於男性的典型特質還有「在對話中很快切入重點」（百分之六十三的受訪者贊同）、「會客觀地對待個人的問題並且喜歡引導對話」（百分之五十六的受訪者贊同）、「不惜與他人正面對抗甚或甘冒衝突的風險」（百分之四十七的受訪者贊同）。
- 相對的，在對話言行舉止方面，受訪者認為女性較為情緒化、樂

---

28 這項研究係根據一項在二〇一〇年所做的國民問卷調查，是「德國談話文化」（Gesprächskultur in Deutschland）系列研究的第三部分。詳細內容請見www.gesprächskultur-in-deutschland.de。——原注

於分享消息、是良好的傾聽者、對於批評較敏感。此外，女性的典型特質還有「喜歡談論情感，尤其喜歡談論兩性關係問題」（超過百分之八十的受訪者贊同；這點顯然與有超過四分之三的受訪者認為這與女性反應較為情緒化有關）、「女性往往會把批評看成是針對個人」（將近百分之五十的受訪者贊同）、「女性比較會讓他人把話講完」（百分之四十一的受訪者贊同）、「女性通常會避免直接或公然地批評他人」（百分之三十六的受訪者贊同）。

關於這項研究的知識價值，我們必須指出：這項問卷調查其實並未說明，在上台及對話的言行舉止裡，這些差異在多大程度上確實存在或不存在。它對男性和女性具體的溝通風格並沒有做多少分析，有的其實只是將刻板印象的歸屬與「男性的」或「女性的」這些定語連結在一起。由於受訪民眾只是被問及他們個人的評斷，因此研究結果只是顯示出，哪些刻板印象顯然還鮮活地停留在廣大民眾的腦海裡。

實用秘訣

在對話或討論中，請妳以「對方的思想在潛意識裡受到上述這些角色印象影響」為前提出發。下述的壓力修辭學秘訣，將幫助妳獲得平等的對待。

認識刻板印象與實際情況的差異

阿倫斯巴赫研究的受訪者認為，這些性別刻板印象並不能一體適用地套在各種具體情況。每個人個別的溝通方式及體驗到的現實，其實與這些流傳甚廣的刻板印象並不相符。以梅克爾為例，她擁有強烈的貫徹意志、自信的台風、雄辯的口才和衝突的意願等特質，全然不同於女性的刻板印象。曾經與這位德國女總理交鋒過的人肯定能夠證明這一點；包括了前基民盟／基社盟（CDU/CSU）的黨團主席梅爾茨（Friedrich Merz）、前德國總理施羅德、前德國聯邦環境部長勒特根（Norbert Röttgen），或是其他曾在高峰會議與梅克爾過招的各國元首。

就連與職場相關的問卷調查，相關研究結果同樣證實了刻板印象與

實際情形的確有落差。雖然大部分的員工認為，男性和女性主管之間確實有某些差異，例如，女性主管比較具有同情心或同理心，而且也比較敏感，相對的，男性主管則往往一板一眼、就事論事、態度堅定、不容許任何反駁。

如果探詢員工與主管相處的經驗，他們的評斷則會與性別刻板印象產生矛盾。換言之，他們其實完全感受不到男性和女性的領導風格有顯著差異。這樣的判斷與我們實際的生活經驗不謀而合。因為，我們當中大多數的人，不僅會認識一些談話風格有同理心且尊重他人的男性主管，也會認識一些快人快語、言詞犀利、意志堅定、有能力面對衝突的女性主管。

經驗上並沒有證據顯示，確實有男性或女性的特殊領導風格，有的其實只是優良和拙劣的差異。在這樣的脈絡裡值得注意的是，如今有將近六成的受訪者認為，自己的主管是男是女其實無關緊要。不論是男性還是女性員工，都有同樣多的比例抱持這樣的看法。很顯然，在這樣的評斷裡，生活中的實際經驗揭示了，領導行為與溝通風格的特質其實是受到性別以外的因素所影響。

結論：性別很少與溝通特質有關

一個人身上的軟實力（如貫徹能力或同理心等）有多顯著，並不取決於男性或女性的染色體。個人的社會化程度和職業生涯的經歷才是更關鍵的因素。一個人迄今為止在交談、討論與衝突等方面所獲得的經驗，決定了這個人在多大程度上擁有溝通的專業知識及必要的自信。越是有自信的人，越能輕鬆地在辯論中採取攻勢，甚或越甘冒引發爭執的風險。

女性通常在私下的閒聊中比較無懼於發言、批評他人或捍衛自己的意見。阿倫斯巴赫研究也指出了這一點。處在「受保護的」環境裡，女性甚至會比男性更樂於發言。相反的，在公開正式場合裡，或是在以男性為主的職場會議中，女性則有矜持的傾向。阿倫斯巴赫的研究者們推測，其中一項原因或許在於：對於遭受批評，女性的反應往往比男性更敏感，因此在抒發己見上，她們會傾向裹足不前。

　　想要為成功溝通創造最佳條件的人，建議妳，採取一種既非男性也非女性的溝通風格。最好是將兩者結合在一起。在這當中，無論是女性或男性的主管與專業人員，在從事個人進修時，都應當注意整個軟實力的系譜。在我們的辯論訓練課程裡經常可以見到，有別於男性多半是以強化同理心和敏感度（大抵是為了做出更妥善的決策）做為自己的學習目標，女性多半會有補強貫徹能力及衝突意願的需求。

　　順道一提，本書提供的壓力辯論祕訣十分全面，所有重要的觀點、能力、談話風格及策略都已整合其中。

❖ 2 對女性特別重要：打破心理障礙

　　我們將在這一節裡探討，在我們的研習營與訓練班中，女性主管和專業人員特別在意的幾個問題：我該如何克服自己的心理障礙？面對批判性異議時，我該如何在情緒上保持距離？我該如何讓別人尊重我？我該如何在辯論時聚焦在重點上？我該如何藉助強調來表達自己的信息？我該如何找到支持我的論點的盟友？我該如何讓別人看見我的成功？

藉由增強自信克服自我懷疑

　　相關的經驗研究[29]證實了我們在溝通訓練方面獲得的經驗：女性比男性更常會懷疑自己以及自己的能力。這些自我懷疑會表現在某些負面的信念語句上，例如：「我害怕被拒絕」、「我看起來既不安又無能」、「我不相信我自己」、「我最好一言不發，否則我只會在大家面前自取其辱」。女性由於上述或類似的心理障礙導致升遷失敗的案例不在少數。

　　下述方法可以幫助妳有效地克服恐懼，並建立強韌的心態。能夠相信自己和自己的能力，妳就可以更神色自若地與他人言語交鋒，也更能將上台看作是機會而非威脅。

---

29 參閱芭芭拉 施耐德（Barbara Schneider: *Frauen auf Augenhöhe. Was sie nach oben bringt und was nicht.* Offenbach 2012），她援引了漢堡大學與萊比錫大學的研究計畫「女性的升遷能力：發展潛力與障礙」（Aufstiegskompetenz von Frauen: Entwicklungspotentiale und Hindernisse）。中期結果曾於在漢堡舉行的「綜合領袖會議」（Mixed Leadership Conference；2011）發表。——原注

關鍵在於自信

自信是對抗心理障礙的最佳利器。自信可以讓恐懼時大腦會「發燒」（如大腦科學家格拉德　許特〔Gerald Hüther〕所言）的區域「冷卻」下來。自信會遏止過度激動、自我懷疑及恐懼。如果妳能建立起更高的自我接受度，當妳在上台或防禦不公平的攻擊時，就越會有安全感。

自信由正面的信念語句開始

增強自信的第一步，在於以正面思考模式取代上述負面想法（參閱第三章）。請妳找出一、兩個適合自己學習需求與個性的正面信念語句；像是：「我樂於言語交鋒」、「我已做好了萬全準備，將以輕鬆的心情上台」、「從現在起，如果我有重要的話想說，我絕對勇於發言」。

請注意，妳必須能夠認同這些信念語句。此舉並不是要讓妳自我催眠，讓妳誤以為擁有自己其實並不具備的實力。此舉的目的只是在於讓妳意識到自己的實力。是以，在會議前、談判前或發表演說前，換言之，在進入有可能遭遇言詞攻擊的場合之前，請妳在記憶中喚醒這些信念語句。如果可以的話，最好大聲地對自己唸幾遍。藉由正面的自我設定，可以提高妳在面臨言語攻擊時的防禦能力及成功信心。

懷抱獲得嶄新經驗的熱情

一般說來，正面的信念語句會提升我們從言語交鋒獲得嶄新經驗的意願。根據現代的大腦研究可以得知，唯有親身體驗到新的（辯論的）行為模式實際上可行，我們才會捨棄舊的、不成功的那一套。在獲得成功之際，新的經驗便會「烙印」在腦海裡。如果可以更常獲得新經驗，而且當中蘊含著更多的熱情，「烙印」便能更強化。

躲藏在自己的小天地裡無法達到這樣的目的。為此，妳必須跨入日常生活中種種分歧的爭議。如果妳想訓練自己不把批評視為針對個人，妳的意志與勇氣都需要受到挑戰。唯有當妳放手，讓自己的自主性及新策略的有效性接受檢驗，自信才能成長。因此，請妳尋找每一個能夠與不同的人辯論的機會，無論是職場上的對話、談判、會議，私底下的閒聊，或是固定聚會、學會、居民自發組織裡的討論。請盡量嘗試各種不

同的角色與任務。每個成功的體驗都能提高自信、降低自卑。

　　主動性與新經驗之所以如此重要，那是因為在壓力辯論中，男性主管通常都占有經驗優勢。因此，如果妳能夠熟稔言語交鋒的模式以及會議與領導團隊裡的群體動力，妳便可以更妥善評估自己的發言和干預裡隱含的風險。此外，女性往往還得面臨兩個困難前提：在以男性為主的小組裡，她們不僅經常要做困難重重的說服工作，而且她們往往是獨行俠，欠缺組織良好的人際網絡。

增強自信的秘訣

　　如果妳的自我懷疑特別強烈，建立對自己的正面想法便格外重要。請妳認清自己的實力所在，並且在獲得成功之際適時地獎勵自己：

- 找尋自己人生中的支點：請妳拿出一張紙，或是在妳的個人電腦（或平板電腦）裡開啟一個「心智圖」。接著花幾分鐘時間寫下妳最自豪的是什麼、長處何在、面臨新挑戰時可以信任什麼（參閱第一章）。
- 自信的女性知道，自己對計畫成功發揮了什麼作用。如果越貶抑自己，人們就越容易將成功歸因於外在環境或他人的成就。因此，請主張自己對於成功的貢獻，並且為自己的成就感到高興。
- 獎勵自己的成功，例如在心裡對自己說些正面的話（「這是一場很精采的演說」、「我很高興我的報告帶來了許多正面的反饋」、「我很喜歡觀眾給我的掌聲」等），或是藉由其他的自我犒賞，像是吃頓大餐、按摩、聽音樂會、看展覽、無憂無慮的週末、短期度假、買點特別的東西、去跳跳舞等。

從錯誤與挫折中學習

　　女性往往會把失敗或挫折看成是個人的。稍有不如意，她們會變得憂鬱、聽天由命、放棄自己的企圖心。特別是在職業生涯起步之初，女性往往會受到事業坎坷或與日俱增的自我懷疑所影響；她們尤其不懂得在心理上正確地調適錯誤，並從中得出對自己有益的結果。

　　無論妳是在一場爭吵中踢到鐵板、在一場談判中上了奸詐操弄者的當，抑或是在做報告時狀況不佳，請妳珍視這些失敗與挫折。犯錯是人類的正常行為，通往成功道路上必不可缺。因此，請妳千萬別讓一時的成功或失敗左右自己的自信。即使妳在某次上台未能做出最佳表現，或是無法遂行某些反制策略，妳還是一個充滿價值，並且有能力更上層樓的人。

　　重要的是，妳必須從失敗中學到教訓，並且避免再度犯下同樣錯誤。不妨與信任的人對話來檢討失敗。他們可以讓妳清楚看到，妳對挫折影響所做的評估是否切合實際、妳可以從中學習到什麼、接下來可以或應當做些什麼。請妳牢記：最成功的演說家與領導人從他們自己的失敗和錯誤中學到了最多的東西。

　　請妳在這樣的背景下訓練自己的抗壓能力，並且為迎接嶄新任務及發展機會，培養出一種勇敢、進取的基本態度。成功女性會在上台與新挑戰裡看見升遷及學習的良機，較不成功的女性則會把這一切視為威脅與危險。她們會浪費許多時間去苦思冥想，最壞的情況下會發生什麼事？請妳在將信就疑中採取行動，因為生命中大多數的機會都是稍縱即逝！

情緒距離使人強大

　　妳是否有將批評的評論視為是針對個人的強烈傾向？如果有，妳會有陷入失控或啞口無言的危險。在情緒上對批評或異議保持距離，妳便可以避免這樣的過度反應。其中一項基本條件妳才剛認識，那就是「自信」！除此以外，為了掌握主控權，妳還必須具備另外兩項工具，一是改變觀察角度，二是藉助橋句降溫。

改變觀察角度

　　這項方法的目的在於避免「盲目地」對刺激主題或批判性的異議自投羅網。如果妳能改變自己的觀察角度並賦予攻擊正面的評價，這一點就很容易做到。這項與「重新定義」有關的方法是出自一項基本原則：「誰能惹我生氣，這要由我來決定」。

以下是兩個改變思考角度的途徑：

1. 不妨將異議或不公平的攻擊詮釋成訓練。攻擊者透過攻擊行為提供妳機會試驗降溫技巧和取得進步的機會。妳可以利用合宜的信念語句來強化這個思考模式，例如：「我保持自信與鎮定，欣然接受防禦不公平攻擊的練習機會」、「我願以正面態度對待批評的異議，並且保持冷靜」。藉助這樣的重新評價，情況便會控制在妳手中。妳的腦袋可以保持清晰、冷靜。

2. 切勿反射式地將批評連結到自己身上。對手批評的並不是妳，而是事實主題牽涉的內容。「遭到批評和拒絕的並不是『我』，而是『事情的內容』」這個信念語句可以幫助妳保持平靜。換言之，請用正面的內心對白（例如：「我欣然接受這些就事論事的異議」或「我平靜地看待這些批評與異議，因為每個議題都有支持和反對的意見」）來取代負面的劇本（例如：「攻擊者的批評根本就是衝著我來！」）。

萬一確實遭到人身攻擊，請妳也別氣急敗壞，因為妳還有降溫（參閱第四章）與機敏應答（參閱第六章）等技巧可以應用。

藉助橋句降溫

藉助「橋句」（定義請參閱第 71 頁）可以將辯論引往有利於妳的方向。妳應當在自己的辯論百寶箱裡準備一些這類慣用語，藉此讓自己與那些強勢或喜歡批評的對手保持安全距離。

防禦格言論證的措辭範例：

身為員工培訓部門主管的妳，正在為公司的領導高層介紹一項新的進修計畫。銷售部門態度強勢的主管突然攻擊妳：「妳所謂的進修計畫根本一點也不切實際！我完全不想攪和！」

為避免陷入毫無建設性的口舌之爭，請妳忽略批評者那格言論證的嘲諷口氣，並且將對方的精力轉移到事實主題上。為此妳最好提出反問：「你提到的切合實際點出了一個相當關鍵的重點（橋句）。在你看

來，這項計畫的哪些地方是不切實際的呢？」或者，妳也可以在橋句之後話鋒一轉，提出一項重要反駁：「你的陳述讓我有點訝異（橋句）。因為『切合實際』是我們在擬訂這項進修計畫時高度留心的重點。就細節來說……」或「你的陳述讓我了解到，你在切不切實際這個面向上仍有疑慮（橋句）。我很樂意為你說明，我們的計畫如何保證會切合實際……」

實用秘訣

建議各位讀者，盡可能在各種不同的職場或私下情境裡多練習應用橋句。如此可以通知妳的大腦，這項新學到的轉移技巧對於妳的辯論能力極為重要。如果妳越是能在天差地別的情境中一再成功地應用這項技巧，妳就越有可能鞏固這種新的行為模式。不妨藉由以下幾種方式內化橋句技巧：

- 仔細研讀本書第四章和自我訓練計畫的部分；
- 在日常的溝通情境裡目標明確地運用橋句；
- 在學習夥伴、訓練師或教練協助下無所畏懼地練習，並且以角色扮演的方式模擬辯論場合（可以考慮錄影）。

如果能體驗到，妳藉助合宜策略可以更妥善地與批評者、惱人的對手、惡意的謀略者周旋，並且在情緒上對批評保持一定的距離，這將有助於增強妳的自信。它會在大腦裡刺激獎勵系統。妳的大腦會通知妳：妳採取的反制策略是正確的。妳將會獲得正面的感覺為獎勵。

利用貫徹能力得分

在職場上，為了說服別人和落實決策，堅毅的態度與貫徹的能力乃不可或缺。彥斯·懷德納（Jens Weidner）曾提出了「正向的侵略」（positive Aggression）[30] 這樣的概念。在深思熟慮下使用，它帶給我們能

---

30 Jens Weidner: Die Peperoni-Strategie: *So nutzen Sie ihr Aggressionspotenzial konstruktiv. 2. Über-arb*. Aufl. Frankfurt a.M. 2011.

量、勇氣及依靠。凡是能秉持堅毅態度去表達拒絕、捍衛自己權益或回擊他人攻擊的人，不僅不會屈居劣勢，反倒還會贏得他人尊敬。那些想要朝更高事業目標邁進的人，建議妳，應當將「貫徹能力與壓力修辭」列為個人首要的學習目標。

這一點之所以重要，主要是因為男性是以完全不同的方式社會化：對他們來說，為了釐清在陳述與答辯中隱含的等級制度層級與地位，辯論的權力遊戲其實是家常便飯。唯有當層級秩序和勢力範圍獲得釐清，才會進入事實的問題。身為女性，妳必須明白這種「潛議程」，並且依據這樣的遊戲規則來行為。妳不妨放棄干預並使個眼色表示意會這樣的儀式。

男性往往會在辯論時採取攻勢，為了貫徹自己的意志並且鞏固自己的正確性，他們會打斷別人的談話、使用格言論證、利用詐誘性問題使人陷入疑惑，如有必要，他們甚至還會用上鬥爭辯證以及所有可以操作的手法。在談判中，他們不會只因為遭到拒絕、帶有批評的異議或格言論證而氣餒。相反的，在遭受拒絕或攻擊之際，說服工作才要正式開始。職是之故，當女性不願尋求積極的辯論而寧願早早放棄時，男性多半會將這些情況解釋成懦弱。

因此，對於有領導企圖的女性，建議妳，表現給周遭的人看，妳確實不僅有本事令人信服地捍衛自己的意見，而且也有能力在應付難纏對手或處理爆炸性議題時保持鎮靜與穩定。在日常的說服工作方面，重要的並非討喜，而是如何以領導者的角色獲得尊敬。如果妳想推動某些事物或貫徹某些策略，諸如「她人很好，很樂於助人」之類的形容詞對妳來說是不適宜的。如果妳有意扮演領導者的角色，無法討價還價的決策會讓妳變得不討喜，這是妳必然得面對的後果。梅克爾與國防部長馮德萊恩（Ursula von der Leyen）之所以能登上高位，除了憑藉自己的專業能力與判斷力，她們還為自己培養了衝突意願及貫徹能力。

增進貫徹能力的其他要點：

● 在溝通中優先考量論證的品質，少去在意對方對待妳是否親切。特別當妳領導的是男性時，更不該去博取同情。如果妳在一場嚴

重爭執裡一直笑嘻嘻地看著對手，這場對話很容易就會情緒失衡；妳身為主管的個人權威可能會喪失殆盡。以下這個準則兼顧了關係與事實層面，已被證明有效：請兼顧尊重且合作的基本態度與事情的結果。

● 在討論或會議裡可以透過正面行動贏得尊敬並鞏固或提升自己的地位。如果妳能活潑且熱心地參與、就事論事且機敏地辯論、不惹人注目地散發魅力、明白地展現出團隊合作與妥協的能力，妳便可以從其他參與者那裡得分。請妳避免落入以下圈套，因為它們可能會削弱妳的能力及權威：

（1）過於迅速的評價：在大部分情況裡，先在心裡描繪出意見風向會是比較聰明的策略。一旦可以看出意見風向，便可以在風險較低的情況下提出自己的評價。這一點特別適用在妳的專業能力有所不足的情況裡。

（2）歸咎：向抹黑這種老套說「不」會顯得較有自信。妳可憑藉討論問題的解答來展現自己的實力。措辭範例：「麥爾先生，我認為，如果我們只是不斷地相互指責，到頭來恐怕只會一事無成。不如讓我們好好利用今天的會談來尋求問題的解答。我的建議是朝以下這個方向……」

（3）人身攻擊、籠統的影射、格言論證、打斷他人發言等不公平的手段：如果採取鬥爭辯證，這會危及妳的聲望以及妳和被攻擊者間的關係。基本上，摧毀他人的自我價值感並不可取。最好的策略是，一方面嚴格地就事論事，另一方面則與對方維持良好的合作關係（換言之，就是「將鐵拳藏在絲絨手套裡」）。特別是當他人在專心傾聽時，建議妳，應該採取能顧及顏面的策略。

● 請不要等到主持人或其他參與者點名，妳才發表意見或回覆與妳的責任範圍有關的問題。如果妳能一再主動發言，會比妳老是被動地回答問題更能留給他人實力堅強的印象。不妨藉助眼神或手

勢為自己爭取發言機會。妳也可以友善且斷然地藉著對方的某個
關鍵詞開始發言。也可以根據自己的冒險傾向，選擇使用高風險
或低風險的切入技巧（詳見第 156 頁起）。

◉ 本章所介紹的其他柔性技巧，例如傳達明確信息的論證、建構職
場的人際網絡、加強上台的能力等，都很有助於貫徹能力進一步
發展。

實用秘訣

請妳以角色扮演的方式進行訓練，訓練過程中最好能同時錄影，藉
此觀察妳自己對於異議和批評究竟是如何反應。設法去除諸如煩躁、劇
烈眨眼、聳肩、僵硬笑容等不安的信號，讓自己的聲音特別在壓力狀況
下保持在可以控制的範圍內（關於聲音，請參閱第 239 頁起）。

扼要說明能帶來說服力

在辯論時，關鍵內容的信息無論對攻擊還是防禦都是十分重要的基
礎。因此有必要針對事實主題做好妥善準備。如果能就每個相關主題擬
一份核心信息，妳會做好最好的準備。

訓練自己用簡單、扼要、讓人容易記住的方式擬訂核心信息。這種
歸納複雜內容的能力，在於清楚地簡化一個主題，從而得以在半分鐘內
完整陳述出重點。五句技巧（亦即思考的結構藍圖；參閱第七章）可以
在裡派上用場。這類論述模型可以為妳帶來兩點好處：除了讓妳安心之
外，還可提供退守的內容。

想要開門見山迅速進入重點，必須要避免兩件事：一是冗長的發
言，二是弱化的措辭：

◉ 發言冗長會帶來負面效果

始終牢記，一次提出四、五個論點並不會提高，反而還會降低妳
的說服力。妳的發言越長，邊際效益就越小。甚至從某個時點
起，每個提出新論點都會適得其反。負面效果會有三重：

（1）過度苛求聽眾的接受能力：當妳提到第五個論點時，聽眾早已
　　 忘了第一、第二個論點。

（2）言多必失：陳述得越久，便會暴露出越多可以被攻擊的施力
　　點。構築越多語句，暴露致命弱點的危險就越大。

（3）冗長的發言會讓聽眾失去耐性：每個參加過研討會的人都有這
　　樣的經驗。到了某個臨界點，聽眾便會心生這樣的想法：「講重
　　點！」、「妳講這些廢話到底有什麼用？」、「我快被妳的喋喋不
　　休煩死了！」

● 弱化的措辭會降低妳的能力

　　女性經常會因為用疑問、猶豫、虛擬的方式措辭，或大量使用贅
　　詞而弱化了陳述。故作矜持、自我懷疑或下意識貶抑自己的人格
　　及成就，這些行為說明了這一點。例如：「我不太確定……」、「我
　　其實是認為……」、「如果你這麼問我……」、「這不過是我的一個
　　構想……」、「我嘗試了……」、「也許這是一個機會……」等，都
　　是弱化措辭的典型。這些句子不僅會降低妳的論證力量及重要
　　性，還會給對手（往往是男性）發動攻擊的施力點。

　　如果再加上（以下將談到的）肢體語言與聲音的不安信號，妳的發
言將非常有可能被認為是沒完沒了，如此一來，聽眾也沒興趣專心聽下
去了。一切將以妳的地位為代價。

　　因此，請妳練習造短句，並且採取積極的措辭。藉助五句技巧單刀
直入地陳述重點。此外也避免使用弱化的措辭、外語及簡稱。

態度堅定、聲音平穩

　　在每個溝通場合，妳都會將自己的信息個人化。對手會從妳的台
風、肢體語言、聲音及辯論風格中看出，妳究竟是覺得自己自信、強大
（處於「高位」[31]）還是不安、弱小（處於「低位」）。這些帶有資訊的信
號至少會與妳的發言內容同樣強烈地影響妳的說服力。

　　在言語交鋒中釋放出弱者或屈居下風信號的人，不僅會被逼向

---

31 「高位與低位」的概念是源自於戲劇（參閱Keith Johnstone: *Improvisation und Theater. Spontan-
ität, Improvisation und Theatersport.* Berlin 1993; Stefan Spies: *Authentische Körpersprache.* Hamburg
2010），是用來分析與控制舞台上人物之間的關係。處於高位便宰制他人，處於低位便受人宰
制。處於高位者具有主控權，處於低位者則扮演被動、從屬的角色。——原注

低位，更會遭到權力與攻擊儀式的挑釁。有一個支持堅定體態的論點
這麼說的：我們不僅可以透過思想來影響身體（正如「自律訓練法」
〔Autogenic Training〕），反過來也是可行的。也就是說，如果妳保持堅定
的體態，妳在會議裡將會覺得更安心、更有自信。

什麼有益於堅定的外表：
- 直挺的體態：昂首、肩膀放鬆、脊椎打直、腹部肌肉些微緊繃。
- 友善、關注的臉部表情：上台一分鐘前，培養一下正面情緒並且
  做好暖身（參閱第 61 頁起）。
- 平和的眼神接觸：在妳發表談話時，應當平和地與所有參與者交
  換眼神。建議妳，優先注視決策者（尤其是頭號人物）與關鍵人
  物，而非那些看起來最友善的聽眾。
- 輔助的手勢：用手勢來強調重要內容。如果能採取較占空間的手
  勢，並且讓雙手穩定地擺動，更容易讓聽眾覺得妳很有自信。
- 在發表演說或做報告時，重心擺在雙腿上的穩定站姿很重要。這
  時腹部的肌肉要保持些微緊縮。請將雙手斜置於臀部的高度（肚
  臍下方約一掌寬之處）。相關細節請參閱第三章「自信地上台」一
  節。
- 留心整體印象的協調性：除了肢體語言和聲音外，還包括服裝、
  首飾、手錶、化妝、配件、香水，以及其他可察覺的地位象徵。

秘訣

避免一直在微笑、點頭或將頭偏向一邊，這會發出屈居劣勢的信號。

什麼有益於聲音

當妳在辯論時感到壓力、緊張甚或「被擊中要害」，這些感覺也會顯
露在聲音上，因為這時妳的身體會整個變緊繃，連聲帶也不例外。這種
「過度緊張」不僅會導致妳的音調升高，更會讓妳的談話加快、更無抑揚
頓挫、更含糊不清，甚至還會導致妳頻頻出現口誤、贅詞、嗯嗯啊啊或
口吃等情形。

過度緊張的狀態會傳遞給攻擊者與聽眾。他們會察覺到妳正感到壓力重重、惶恐不安，妳很顯然已經失去了平衡。由於女性的音調一般都比男性的高，因此妳必須留心，別讓自己的聲音變得太刺耳（尤其是當妳用力說話，或是在受迫情況下辯論的時候）。

什麼有益於聲音和談話行為：
- 上台前最好先說點話暖身。
- 特別在陳述重要部分時，應放緩說話速度並且咬字清晰。
- 談話時應適當停頓，在一項陳述接近尾聲時應壓低聲音。
- 妥善利用修辭強調來凸顯核心信息（參閱第三章）。
- 固定做放鬆和呼吸的練習，上台時保持心情愉快，這些都有益於聲音的共振與力量。

秘訣
請自主或是在演說家指導下固定做聲音練習。妳可以在本書第257頁及起的自我訓練計畫裡找到相關建議。

從獨行俠到網絡管理員
女性往往會低估職場人際網絡對於企業說服工作的重要性。在一場由男性主導的會議裡，如果想讓與會者接受妳的想法，光是藉助自己的論述恐怕不太可能達成。沒有願意挺妳的領導階層及同事，妳為說服做的努力往往會失敗。這種情況特別適用於只有同級與更高級領導階層參與的會議；在這種場合裡，光是豐富的專業知識與精湛的論述是不夠的。

如果妳能了解團隊中錯綜複雜的關係，便可以在策略上為自己取得較有利的地位。這有助於妳尋找層級較高的關鍵人物、同事、具聲望的專家、非正式的領導者來為妳發聲。

除此以外，下列問題則有助於妳針對與會者特性來擬訂論述的策略：
- 誰具有同情心、誰與誰在競爭？

- 有哪些聯盟與陣線存在？
- 關於與會者的個性、領導風格及溝通行為，我能知道什麼事情？
- 什麼人被認為最難纏，為什麼？
- 關鍵人物（或許）會怎麼看待我的構想、建議或論述？
- 誰會支持我？
- 異議或攻擊可能來自哪些方面？
- 我可以預先知道與會者有哪些打算？

　　與關鍵人物及領導階層建立起良好的人際網絡，這對妳的論述準備十分有益。妳可以輕鬆地獲得某些高端訊息和改善論述品質的點子。藉助坦誠的反饋意見，妳可以提早發現並消除計畫裡的弱點。此外，透過與上游接觸的機會，妳可以獲知一些參與者對妳的建議所抱持的看法及疑問。在特別重要的上台之前，找機會徵詢一下自己格外信任的人，他們可以在旁觀者清的情況下審視議題，給妳一個量身訂作的建議。

　　當妳新加入一個企業，最好花點時間去接觸同事，特別要與主管及經驗豐富的同事建立良好的人際關係。這些人對於領導團隊、企業文化與市場都有多年的認識。妳可以從他們那裡第一手知悉，什麼人屬於什麼「派系」、哪些活躍分子具有什麼樣的人格特質、哪些人在言語交鋒時特別容易緊張、堅韌或難以捉摸。此外，妳的人際網絡裡必須包含一些人可以長期為妳更新工作崗位以外的企業相關議題（例如產品研發、改革程序、人事問題、創新科技、流行趨勢或市場競爭等）。

　　成功的關鍵並非這些資訊，而是將資訊提供給妳的人 [32]。因此，請別把建構人際網絡交給偶然。請運用專業構網的基本原則與知識 [33]，在妳的主導下，循序漸進地與他人建立起穩固情誼。

---

32 Lee Iacocca: *Eine amerikanische Karriere*. Berlin 1997.
33 Alexander Groth: *Führungstark in alle Richtungen. 360-Grad-Leadership für das mittlere Management*. Frankfurt a.M. 2010; Barbara Liebermeister: *Effizientes Networking. Wie Sie aus einem Kontakt eine werthaltige Geschäftsbeziehung entwickeln*. Frankfurt a.M. 2012; Hermann Scherer: *Wie man Bill Clinton nach Deutschland holt. Networking für Fortgeschrittene*. Frankfurt a.M. 2006.

建構個人人際網絡特別該做與不該做的事

● 女性傾向跟對自己親切的同事建立人際網絡。然而，更重要的是也要跟關鍵人物、領導階層及專業人士（那些位居要津、在正式體制裡扮演關鍵角色的人）建立並維繫交流。

● 製造機會與有趣的人士對話，例如與訓練班的經理喝咖啡、與銷售部門的主管吃午餐、與資訊工程部門的專家吃早餐。這些妳花在閒聊及非正式會面的時間，會在日後的職涯階段給予回報。只要準備一個適合的「鉤子」，便可以輕鬆地與人攀談。預先想好一些萬用的開放式問句，例如：「你們和上一任主管合作得如何？」、「我在某個特殊議題上需要你的意見。」、「公司裡有誰能在 XYZ 這件事情上幫我？」、「可否容我簡短自我介紹。我叫蘇珊娜·麥爾，從……開始接掌客服部。請問你特別重視些什麼……？」

● 要成功建構個人的人際網絡，除了與人接觸的能力外，妳的態度也相當關鍵。如果妳親切且愉悅地靠近他人，這樣的態度也會傳染給對方。此外，掌握閒聊的基本技巧也相當重要。第九章介紹的一些小技巧以及妳個人的閒聊能力，都能在維持閒聊進行與熟練地結束方面對妳有助益。在這當中，選擇合宜的閒聊主題不可謂不重要。妳可以在前面提到過的「阿倫斯巴赫研究」裡找到建議。這項研究指出，男性女性都會感興趣的話題有：朋友圈中的新聞、休閒活動與度假、美食、電視節目，以及未來的規劃等。至於不同性別喜歡的典型話題，男性比較喜歡聊運動、汽車、科技、政治、經濟及金錢，女性則比較喜歡聊健康、子女、人際關係及時裝。上述這些只是一般性的歸類，不能一一套用在個別的主管與專業人員身上。最好從這些人周邊明察暗訪，或是在對話中藉由問答技巧旁敲側擊，先收集一些與他們個人有關的資料，接著再去分析他們每個人對哪些議題感興趣。

● 組織個人的人際網絡時，請留心「差異性」。請妳同時與男性和女性、本地人和外來者、年輕的同事與年長的同事、業務部門的員工與技術部門的員工發展並維持關係。至於妳自己信賴的人，例

如某個好友、指導老師、某個上司、某個同事或教練等，也都應該包含在裡頭。妳不僅可以與他們談論升遷機會、獎勵措施甚或失敗和挫折，更能從他們那裡獲得開誠布公的建議。

在建構與維護個人的人際網絡時，要留心互惠原則。良好的關係絕對不是單向的，它是以施與受為前提，無論在情感，抑或是在資訊交換方面。

自我行銷：謙遜無效

請以自我行銷取代自我批判，請勿將妳個人的成功以及妳所屬團隊的成就隱藏起來。這涉及到積極地贏得矚目。研究證實，在積極地向上司、同事與社會大眾展現自己的成就方面，女性的能力確實遠遜於男性。脫穎而出與眾所矚目對於提高聲望來說很重要。

如果妳是以獨行俠的方式做出優秀表現，在沒有自我行銷及人際網絡的配合下，這些表現大部分都會被埋沒（至少在妳工作範圍以外的領導高層或關鍵人物看不見）。積極地建構人際網絡可以為妳製造機會，讓妳個人的能力與成功故事不僅在企業內獲得關注，甚至還能受到外面的團體及社會大眾矚目。

只不過，說起來簡單，做起來卻不易。請不要寄望能夠一步登天。自我行銷往往需要歷經中、長期，方能收到效果。在這過程中，請將重點擺在一方面忠於自己、一方面尋找一條不會過於謙虛或浮誇的中間道路。切勿讓自己被負面的信念（例如「其他的人可能會覺得我很愛現」、「就算沒有自我行銷我一樣辦得到，因為我很行」等）給斥退。

如果妳想成功地自我行銷，就必須先回答下面這三個問題：

1. 我代表什麼？

什麼是我獨有的特色？什麼是我引以為傲的「燈塔計畫」？我的職場成功故事是什麼？我做了什麼成功的事？我的專家地位是什麼？什麼是我勝過別人的地方？由於自我行銷總是針對特定的目標團體或人士，因此妳必須問自己，妳的成功與成就能夠為對方

帶來什麼助益？被妳行銷的人很有理由自問：她向我展示她的成功計畫，我能從中得到什麼？因此，請妳準備好簡短、令人印象深刻並以利益為取向的信息。

2. 我是否相信自己的成功與成就？

重要的是，妳不能貶抑自己的成功與成就，反之，妳必須確信妳把工作做得很好。如此妳才能帶著熱情和自信向他人展現自己的成就。最好能想出一、兩個表達積極態度的信念語句，例如：「我是個跨文化訓練的專家，許多人都對我的長才很感興趣」、「觀眾們熱情地將我以社會媒體為題的演說記錄下來。我相信，我的專業知識可以讓每個人獲益良多。」、「我的『我的品牌』演說獲得良好反應，讓我更加相信，這題目對每位領導者而言都相當重要。」

3. 哪些自我行銷的途徑與方法是適合的？

親自對話是讓正確的信息傳播者了解妳個人的成功、成就及能力最簡單的方法。妳可以把這些當成所謂的任意資訊，穿插在妳們的對話裡。任意資訊的重點在於，讓特定信息在未被問及的情況下流入對話或報告中。舉例來說，有聽眾問，妳是如何看待在妳的跨文化研習營裡別的國家的文化特點？妳回答：「二〇一一年時我曾親自到上海指導了一個跨文化計畫（任意資訊）。我很樂意以此為例為你說明，中國文化的特點如何與我們的研習營計畫結合。」

妳可以在所有的溝通場合中（在對話、會議、報告，甚或外面的專家論壇裡）有意無意地提及任意（自我行銷）資訊。

除了口語傳播外，自我行銷還有許多其他方法。諸如在內部或外部向重要的團體做報告、在報章雜誌上接受訪問或發表文章、在社會上重要的團體裡（例如協會、政黨、學會、媒體、教會、工會、居民自發組織等）發揮影響，都是直接而有效的方法。間接的自我行銷方式則有：在社群媒體發文（例如 XING、臉書、部落格、網頁、推特、YouTube 等），或是為後進員工或主管與專業人員（會為妳說好話並且繼續宣傳的

人）充當顧問等。

女性應對壓力辯論的十四個秘訣

1. 藉由增強自信克服恐懼與自我懷疑。

2. 以熱情的態度在言語交鋒裡獲取經驗。

3. 失敗和挫折是通往成功的必經道路。

4. 藉助視角轉換及橋句，與批評者保持距離。

5. 訓練自己的貫徹能力，爭取在平等地位上辯論。

6. 友善的態度與事情的後果兼顧。

7. 多關注論述品質，少在意對方的親切。

8. 主動參與討論，善用切入技巧取得發言權。

9. 藉助簡短、清晰的核心信息，迅速進入重點。

10. 避免會弱化辯論力道的贅詞、廢話、猶豫或懷疑的語氣。

11. 占據高位：直挺的體態、有氣勢的外表、占據空間的肢體語言、
    宏亮且受控的聲音。目標明確地散發自己的魅力。

12. 藉助橋句來為不公平的攻擊和批判的異議降溫。

13. 目標明確地建構個人的人際網絡。

14. 以自我行銷取代自我批判。向正確的信息傳播者展現妳的成功與
    成就。

III

落實與練習

16 如何利用日常生活改進論據能力？

本章主題：
1 認識自己的長處與潛能
2 在日常生活中改善行為的實用秘訣
3 利用研習課程

　　唯有以改善言行舉止為目標，訓練辯論能力才有意義。本書正預設了這樣的觀點，取決於更妥善地處理辯論中的壓力，有效地化解不公平的攻擊，並且勝任地、從容地、有說服力地在職場與私人「舞台」上活躍。

　　在閱讀本書的時候，你必然已發現了許多有用的知識和秘訣，並且希望能讓它們實際派上用場。現在你面臨到一個問題，如果想要成功地發揮這些新知，接下來最好該做些什麼？些許實踐可幫助你在需要時輕鬆應用。這些主要是如何準備對話、討論或談判的建議。其中較為困難的是不斷地改善辯論能力、保持從容與鎮定、將建議應用到防禦不公平攻擊和改善機敏應答技巧上。這就是本章的目的。

　　首先必須先認識自己的長處與潛能，之後你將學到幾個重要的出發點，它們能幫助你有目標且持久地改善辯論能力。

❖ 1 認識自己的長處與潛能

你可以依據本書內容來盤點自己目前的辯論能力。藉助第 12 頁的模塊組件系統，你可以仔細研究與你個人最有關係的章節，或是將最適合你的個性、具體需求和應用狀況的說明及技巧寫下來。一個小型的應用計畫（參閱第 253 頁起）可以在這當中發揮很大的作用。你可以藉助以下三個問題引導自己：

- 在辯論之際，我會在何處陷入壓力狀態？在何種情況、何種主題、與何種對象？
- 什麼樣的恐懼（內心對白）可能妨礙到我，並且讓我失去從容？
- 具體而言，我具有哪些改進的潛能？
　—一般的潛能（組件 1 至 9）
　—特殊的潛能（組件 10 至 14）

在做自我分析時，請別忘了自己的溝通長處。對於自信感與自我價值感而言，在談話時、辯論時與討論時，將自己的特殊潛能擺到秤盤上量一量，藉此對自己有清楚的認識，這一點很重要。當中包含了諸如交際能力、專業能力、適合麥克風的聲音、傾聽能力、樂觀的態度、自信且穩健的台風等等。除此以外，你還應該在整個脈絡當中看清楚，你對於什麼樣的成功最感到自豪。在職場方面，成功的經驗可能會出現在

- 說服了決策委員會某項革新的重要性；
- 給了某位董事意見；
- 在一場討論中辯倒兩位具有優勢的部門主管；
- 在一場競爭對話裡擊敗了為數眾多的競爭者；
- 在一場價格談判中獲得了優於原先預期的結果；
- 在一場電視媒體的壓力訪問後獲得了長官及同事熱烈的喝采；
- 在一場會議中獲得全場最熱烈的掌聲；
- 在一群十分挑剔的人面前完成一場眾人都說讚的報告。

如果你想真正地認識自己的長處與潛能，你絕對不能少了「別人

是如何看待你」的資訊。我們無法透過分析自己來解答這個問題。更確切來說，我們需要的是將自我觀感（我是如何看待自己？）與外界觀感（他人是如何看待我？）做個比較。我在研習班與訓練課程裡的經驗一再顯示，對自己的評價多半會比他人對我們的評價來得差。

因此，來自外界的坦誠意見是不可或缺的。關鍵的問題是：他人是如何認知與評價你的台風以及辯證和修辭的能力？

關於人際間的關聯以及反饋意見的功能，可以藉助「周哈理窗理論」（Johari Window；參閱圖十三）做清楚說明。這是心理學家約瑟夫·魯夫特（Joseph Luft）與哈里·英格漢（Harry Ingham）的共同發明，因此便從兩人名字各取部分來命名。

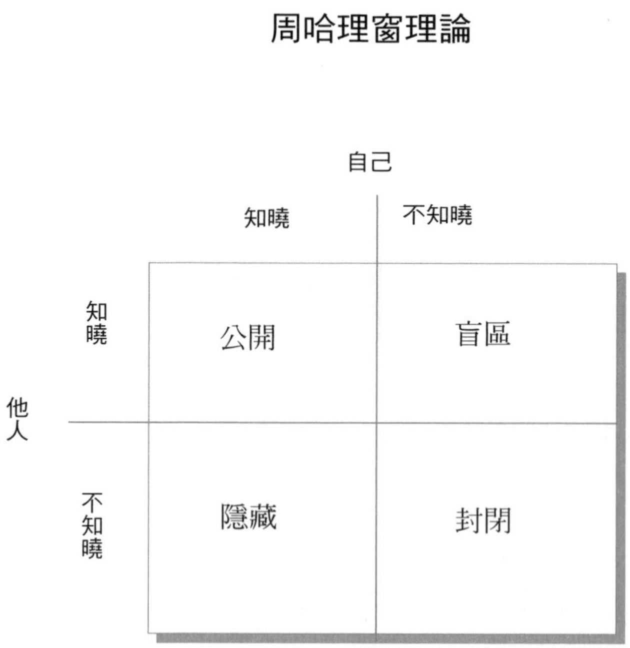

周哈理窗理論

圖十三：周哈理窗理論

四個區分別來談：

區域 1：公開

代表你自己「與」他人共同知曉的你。舉例來說：你向某個新客戶做了一場簡報之後，這個區域還是很小；如果你經年累月透過無數的聯繫與客戶建立起完全信任的關係，這個區域便會變得很大。在這種情況下，你將你個人的一大部分對你的客戶公開。

區域 2：盲區

代表他人所能見到、但你自己卻不知曉的你。一般說來，當你在談話或反駁時，會表現出某種行為模式，雖然你自己不曉得，可是他人卻能夠察覺。在這些行為模式當中，有部分可能會獲得負面評價，例如困窘的姿態、談話速度過快、一直「誃」個不停、盛氣凌人等，有部分則可能會獲得正面評價。因此，你其實可能會比你自己所臆測的更有能力、更有自信。

反饋建議可以幫助你縮小自己的盲區。不妨請求你所信任的人開誠布公地告訴你，他們對你的言行舉止有什麼樣的認知。如果能搭配錄影進行，將會非常有益於獲得真實的自我評估。

什麼人可以給你坦誠的建議：
- 伴侶、朋友、熟人
- 同事、長官、部屬、秘書
- 訓練師與研習班裡的同學
- 顧問與教練
- 你所主辦活動的參與者

區域 3：隱藏

代表你自己知曉、他人卻無法見到的你。可能是你展示給他人看的「門面」，也可能是你扮演給他人看的「角色」。因此，在辯論時，你或許會小心翼翼地將知識漏洞、產品瑕疵或談話障礙等缺失隱藏起來。

區域 4：封閉

是一個「潛意識的」區域，其中包含了自己人生當中被壓抑的事件和行為。此外，某些未曾顯露出來的潛力和稟賦也屬於這個區域。無論是你還是他人，都不知曉這些與你個人有關的面向。

❖ 2 在日常生活中改善行為的實用秘訣

從上述盤點自己的長處與潛力出發，接下來要做的就是規劃各種具體的行動，藉此來擴大自己的長處並且削減短處。在這當中應該要設定出讓自己獲取成功經驗的學習目標，因為成功經驗在激勵追求新事物方面不可或缺。如果能做到以下這幾點，你便創造了有利於改善個人辯論能力的條件：

- 擬訂一個應用計畫；
- 在日常生活中練習並應用新知；
- 利用記憶輔助；
- 藉助間接建議與觀察（亦即所謂的「觀察學習」〔Observational Learning〕）來學習；
- 如有必要，將小型的練習融入日常生活。

此外，你也可以利用本書附錄的自我訓練去練習特定的辯論能力。

擬訂一個應用計畫

所有寫下的東西不僅會讓人感到有強調的價值，還會讓人留下較深刻的印象。因此，請將自己的學習目標和決心記錄在一個應用或行動計畫裡。

請將自己的訓練限定在少數幾個目標上。請注意，剛開始的訓練目標最好能具有較高的成功機率。一旦達成了部分目標，就可以透過擬訂新的學習目標更新應用計畫。請設定好具體的時間表：最晚至何時以前要達成所定之目標，還有，要如何檢驗學習的成效。

範例

- 在往後幾個月裡，我要將自己訓練到在任何溝通場合都能扼要、清楚、令人印象深刻地表達出我自己的核心信息。我將以第七章的『五句技巧』為標準。

- 我想要培養一種正面且從容的態度。我將謹守兩個信條：「行動與主動是我的依靠」及「放棄奮鬥便注定失敗」。在下半年裡，我會藉助小提示讓自己經常想起這兩個信條。

- 我要在固定聚會或討論政治時（這些場合經常會充滿挖苦與嘲諷）試驗三種機敏應答技巧。第一……，第二……，第三……

- 我要在困難的座談裡加強注意自己的肢體語言，並且發送出 XYZ 等自信信號。為此，我會列印出第 56 頁裡的一覽表。

- 在下周結束前，我要寫下十個我可以記下來應用在所有狀況的橋句。

- 這個月底前，我要做好〈熟練地與不公平手段周旋〉、〈操弄人心與心理戰術〉以及〈十種最重要的機敏應答技巧〉這幾章的摘要；這些是我在為壓力談判或討論預做準備時必讀的章節。

- 我想要掌握「封鎖、跨接、交錯」的技巧。如此一來便可以在壓力訪問裡更妥善地置入自己的核心信息。我將在每周二晚上藉由角色扮演和我的同事穆勒訓練這項技巧。

在日常生活中練習並應用新知

　　距今兩百多年前的歌德曾表示：「才能唯有接受過考驗方能顯現。」這項教育原則從古至今皆適用。因此，請你找機會練習、複習並應用自己的新知。每一次的對話、每一次的討論、每一次的報告，無不適合培養修辭及辯論技巧，無不適合從錯誤中學習進步。請你為自己能夠遇上壓力狀況與特別難纏的對手感到高興，因為它（他）們賦予了你考驗新知識、新能力的機會。遇到這樣的情況時，切勿讓負面的內心對白或拘謹的態度阻礙了你。當你在猶疑時，應該勇敢地採取行動，因為行動不僅能戰勝恐懼，還能帶來新的經驗值（參閱第一章）。

　　請你盡速把握機會實現自己的意圖。意圖會傳遞給大腦一套新的

「行為模式」；只不過，關鍵並不在於被理解，而是在於在日常生活中發揮實際效用。如果沒有成功的經驗，期待的行為方式將難以建立與持久。

利用記憶輔助

為了不忘記自己的計畫，建議你藉助一些文字或符號提示。你可以在自己經常會看到的地方貼上一些便條或便利貼，例如在：

- 皮夾
- 書桌
- 講義夾
- 封套邊緣
- 行程表
- 汽車儀表板

另一個不會忘的方法就是建立一個以辯證／辯論為主題的「個人計畫」，並且藉助 Outlook 或其他同性質的軟體，每周提醒自己這份應用計畫。近來在我的訓練課程裡，學員們多半都會利用平板電腦來做個人計畫；一來可以隨時掌握訓練目標，二來還可以將與「橋句」、「機敏應答技巧」或「反駁技巧」的創意構思直接輸入平板裡。在搭乘火車或飛機時，很適合利用這類工具來記憶新的修辭與複習訓練目標。你不妨也試試看！

請你也找機會，在學習夥伴或教練協助下進行「壓力辯論」學習計畫，藉此讓自己獲得額外的動力。

你們可以固定地會面，並且

- 談論應用方面的進步以及成功的經驗。
- 討論將新知轉化為實用上普遍遇到的困難，以及如何克服困難的方法。
- 更新個人的應用計畫。

小提示

第 36 頁及其後所示之心理訓練，同樣適合用來內化某些意圖或所期

望的行為，也進一步有益於應用的成效。

藉助間接回饋意見與觀察來學習

給予意見可以直接也可以間接。你總是可以在與他人對話中獲得間接回饋，因為無論是在職場或私人的對話或討論裡，你的談話對象總是會對你說的話有反應。因此，請你注意對方的表情、手勢以及其他肢體語言方面的信號。它們會透露出對方對你的關注、贊同或否定以及與你的對立有多高。特別是當你想試驗一下修改過的辯論策略或某種機敏應答的回應時，也可多加利用「意見回饋」這種方法。

在日常溝通場合中仔細觀察，周遭的人對於攻擊與異議做何反應。你肯定能在某些領導階層、專業人員甚或那些能夠格外機敏且富創意地回應言語攻擊的同事和朋友身上找到借鏡。請將那些原創的回答記錄下來，免得很快又忘了這些機敏的答辯。

將小型的練習融入日常生活

有許多與修辭及辯論有關且成效卓著的練習，必要時不妨將它們融入自己的日常生活裡。在自我訓練計畫裡（參閱第十七章）介紹的練習，將有助你訓練辯論技巧、提升修辭能力、戒除談話方面的各種壞習慣（例如「誒」個不停）。

❖ 3 利用研習課程

參加研習課程（前提是課程在教育及內容方面品質高）可以獲得額外的學習機會。在課程中，人們會以整理出一套教學方法，把辯論的專業知識傳授給學員。你將有機會在專業人士指導下模擬困難的對話、討論或壓力訪問、試驗各種新知或新技巧、與其他學員交換經驗，或是藉助意見回饋的對話與錄影來縮小自己的「盲區」。

參加研習課程之前，建議你先依據以下標準來檢驗課程的品質。

優良研習課程的標準

- 檢驗課程提供者的形象、經驗及課程重點。
- 探詢訓練師的資格、口碑及工作經驗。
- 目標群體和授課內容是否符合你的條件及期待?
- 研習課程是否以實用為取向,是否提供足夠機會模擬職場生活裡的說服工作及壓力狀況?
- 學員的人數是否在合理的範圍之內(如果課程為期二至三天,學員人數不能超過十二名;七名學員最佳)?
- 是否主要採取動態的學習方法;也就是採取練習、模擬、討論、小組作業、經驗交換、個案研討、學習對話或諸如此類的方式?
- 使用的方法不能牴觸科學知識。某些研習課程會宣稱,可以在短短兩天之內達成許多驚人的學習目標或效果。對於這樣的保證請務必小心!
- 是否提供落實輔助,協助學員將傳授與訓練的內容成功地應用出來?其中包含了:
  —在研習課程裡所擬訂的個人落實計畫。
  —獲得記錄自己練習實況的錄影。
  ——封總結訓練精華的落實書信(在研習課程結束後寄給學員)。

　　請你與自己所屬企業裡的在職進修專家或員工培訓專家商量。他們通常都擁有相關的知識與市場資訊,可以推薦你最佳的研習課程。如果你是小型企業的領導階層或專業人員,不妨去找同業協會、進修學會、經濟協會與職業公會所屬的諮詢單位或其他的領導階層進修機構請益。此外,如果你想透過網路準確且省時地找到與本書個別主題有關的專業訓練課程,就教於可以信賴的專家會很有幫助。

17 訓練計畫與檢查清單

本章內容一覽

練習 1：藉助「五句技巧」陳述自己的觀點

　　　　—「五句技巧」工作表

　　　　—辯論的一百個主題

練習 2：針對指定主題即席演講

練習 3：藉助多個關鍵詞即席演講

　　　　關鍵詞矩陣

練習 4：複述一篇文章

練習 5：防禦不公平的攻擊

　　　　——般的實用秘訣

　　　　—測試自己對於不公平攻擊的反應

練習 6：十種訓練機敏應答技巧的練習

練習 7：處理就事論事的異議

練習 5「防禦不公平的攻擊」的解答建議

練習 6「訓練十種機敏應答技巧」的解答建議

練習 7「處理就事論事的異議」的解答建議

「橋句」範例

練習 1：藉助「五句技巧」陳述自己的觀點

以下的練習將給你機會做簡短、清楚且結構嚴謹的陳述。你可以在練習當中學著應用第七章傳授的五句技巧。除此以外，你還需要錄音器材及計時器。

目標	訓練自己用「五句技巧」準確且結構嚴謹地陳述自己的觀點。
主題	你可以在第267頁找到一份列有一百個主題的清單。
進行方式	1. 從第267頁的主題清單中選出一個一般性的主題，或是一個贊成與反對的主題。 2. 針對這項主題擬出一份關鍵詞草稿（可利用在第七章所傳授的「五句技巧」）。 3. 牢記這份關鍵詞草稿。 4. 陳述自己的觀點並將它錄下。當設定的時間到時，請停止陳述。 5. 在分析錄音時，請分別就與聲音／陳述技巧及內容／結構有關的項目問自己，什麼是已達成的，什麼或許有待加強？ 聲音／陳述技巧　　　　　　內容／結構 ──陳述的流暢性　　　　　──大綱（清楚的結構） ──停頓技巧　　　　　　　──論證的品質 ──音調變化　　　　　　　──淺顯易懂的例證 ──嗯嗯啊啊與死板　　　　──開場與主旨

在規劃論據時，請將先後順序顛倒過來，換言之：

計畫的第一步：主旨
什麼是我想喚起聽眾／對手關心的事？我想從聽眾那裡得到什麼？他們該做些什麼？他們該決定些什麼？

計畫的第二步：提出論據

你有哪些足以支持主旨的事實、數據或論點？你有哪些例證足以闡明？

計畫的第三步：視實際情況開場

什麼樣的引言適合用來喚起聽眾對主題的關注？我如何才能讓聽眾了解主題的重要性？

「立場模式」工作表	
1.立場	
2.論點 （理由）	1） 2）
3.例證	針對1） 針對2）
4.總結	
5.主旨／呼籲	

「辯證的五句模式」工作表	
1.開場	
2.贊成論據	1） 2）
3.反對論據	1） 2）
4.總結／自己的觀點	
5.主旨／呼籲	

「問題解決模式」工作表	
1.開場 （為何我要演說？）	
2.現實情況如何？ （目前的缺失、問題與困難在哪？）	
3.什麼是必須達成的？（確定目標）	
4.這些事情要如何達成？（建議解決方案）	
5.應該發生什麼改變？我對對手有何期待？（呼籲／主旨）	

一般性的主題	
1. 股市	25. 提高員工的創造力
2. 領導階層面臨的挑戰	26. 怯場
3. 人力資源評測中心	27. 終身學習
4. 天文學	28. 職場中的權力儀式
5. 休閒運動	29. 冥想
6. 塞車	30. 教師的動力
7. 官場文化	31. 紐約
8. 教育困境	32. 電磁波
9. 比爾蓋茲	33. 幼兒的良好起步
10. 健美	34. 國際學生能力評估計劃（PISA）
11. 魅力	35. 用Powerpoint做報告
12. 教練	36. 新聞自由
13. 企業形象	37. 火車誤點
14. 跨文化管理	38. 進修教育的品質
15. 職場裡的服裝守則	39. 修辭與事業
16. 數位學習	40. 棋賽
17. 能源政策	41. 職場競爭力
18. 職場上的成功經驗	42. 購物
19. 歐盟	43. 尖端科技
20. 優質服務	44. 誠實納稅
21. 電視購物	45. 壓力
22. 健身	46. 組織團隊
23. 外語能力	47. 企業顧問
24. 足球轉播	48. 度假

49. 健保制度	57. 職場裡的成見
50. 遊民	58. 什麼能激勵員工？
51. 銀行	59. 進修
52. 國家的形象	60. 知識社會
53. 肢體語言	61. 浪費時間的會議
54. 視訊會議	62. 具有前瞻性的行銷
55. 外語	63. 國民年金
56. 校園暴力	64. 垃圾分類是否有意義？

贊成與反對的主題

65. 教師是否為公務員？	83. 中學生應否學習第二外語？
66. 整形手術	84. 捷運
67. 伊拉克戰爭是否符合正義？	85. 私立大專院校
68. 核廢料運輸	86. 抽菸
69. 逆向歧視	87. 死刑
70. 外援	88. 捐贈
71. 一級方程式賽車	89. 高速公路速限
72. 基因食物	90. 市區速限時速四十公里
73. 職場裡是否有公平競爭可言？	91. 保護動物
74. 十四歲以下兒童能否使用網路？	92. 市區禁止車輛通行
75. 核能	93. 太空旅行
76. 富人稅	94. 公共場合抽菸問題
77. 複製人	95. 毒品開放
78. 營業時間	96. 風力發電
79. 禁止香菸廣告	97. 酒吧裡的禁菸問題
80. 大聯合政府	98. 外援
81. 放寬考駕照的年齡限制	99. 小客車過路費
82. 加入WTO	100.兵役

練習 2：針對指定主題即席演講

　　在所有辯論的應用情況（第十至十四章）中，你都有可能被要求即席發表自己的看法。如果能經常練習，即席演講對你而言就會容易許多。

目標	訓練自己在未經準備的情況下談論任何主題。
主題	你可以在第267頁找到一份列有一百個主題的清單。 不妨拷貝這份清單以方便使用。
進行方式	1. 為記錄與控制即席演講，你需要錄音器材及碼錶或計時器。 2. 先將發言時間設定為三十秒。接著再視情況擴展為一分鐘。 3. 由於主題清單上設有編號，可以方便你找尋題目。先在一至一百的範圍裡隨便想個數字，接著再根據想出的數字找出對應的主題。例如，你想到了十二，那麼你即席演講的主題就是「教練」。 4. 立即開啟錄音器材並且開始演講。小提示：不妨從下面所附的實用秘訣裡找尋靈感，它們可以幫助你找出一些即席演講的素材，讓你不至啞口無言。 5. 在分析錄音時，分別就與聲音／陳述技巧及內容／結構有關的項目問問自己，什麼是已達成的，什麼或許有待加強？ 聲音／陳述技巧　　　　　　內容／結構 ——陳述的流暢性　　　　　——開場與結尾 ——停頓技巧　　　　　　　——主要部分的內容 ——音調變化　　　　　　　——淺顯易懂的例證 ——嗯嗯啊啊與死板　　　　——語塞 6. 不斷擇取新的主題反覆練習。

根據主題輕鬆做即席演講的實用秘訣

● 先從具體的以及貼近生活的事物開始（藉助淺顯易懂的例證或個人經驗等等）。

● 在開頭指出該主題的不同面向。

● 在開頭來些與主題有關的自由發想。

● 在許多主題上都可以利用「ETHOS」（參閱第 49 頁）技巧做譜系分析。

●「W 問題」可以幫你在即席演講時尋找素材：什麼？何人？何地？何時？如何？為何？

● 利害論證：論述的主題與聽眾有何利害關係？

● 利用「五句技巧」構思出自己對於某個爭議主題的看法。

練習 3：藉助多個關鍵詞即席演講

　　相較於練習 2，本項練習更著重訓練自己的創造力。面臨的考驗是：你必須將多個關鍵詞串聯成一個有意義的思路。

目標	訓練自己即席（未經準備）談論指定的主題。在這項練習裡，必須將四個隨機抽出的關鍵詞組合成一個具有邏輯的整體。你必須用每個關鍵詞至少造出一個句子。
主題	在本練習的最後一頁可以找到一個填滿許多關鍵詞的矩陣。不妨先將該頁放大拷貝，接著再沿著框線將這些關鍵詞剪成同樣大小的紙片。
進行方式	1. 先將關鍵詞卡弄混（關鍵詞朝下），接著從中抽出四張詞卡。 2. 將抽出的詞卡翻開並排列妥善，讓自己能夠清楚地閱讀。 3. 在見到第一個關鍵詞時立刻開始演說。別忘了打開錄音器材！在陳述的過程中請同時思考，自己如何才能銜接到下一個關鍵詞。第三與第四個關鍵詞以此類推。 4. 藉助錄音的內容檢驗即席演講的成果。請回答自己兩個問題：什麼是我做得特別好的？什麼是我應該要改進的？ 5. 不斷擇取新的關鍵詞反覆練習。透過規律的訓練，你便能一步步地增進即席演講的能力。

實用秘訣

● 你也可以自行製作一些小詞卡來取代本書提供的關鍵詞。

● 不妨依照自己的興趣或需求，增加一些與政治、經濟、科技、學術及媒體等主題有關的關鍵詞卡。

● 如果能找一位學習夥伴與你一同進行，這項訓練將變得更輕鬆有趣。當你們其中一位在練習時，另一位可以幫忙抽出關鍵詞卡及錄音，並且在事後的結果分析中給予建議。

文獻提示：Wolfgang Fricke: Frei reden. *Das praxisorientierte Trainingsprogramm*. Frankfurt a.M. 2000.

關鍵詞矩陣

書	納達爾	紐約	愛	月亮
中午	老虎	淡水河	床	賓士
華爾滋	倒楣	CSI 犯罪現場	風	心
慢跑	日本	鐘錶	電視機	瑪丹娜
聖誕節	派對	足球	普吉島	謎題
蘋果	倫敦	高爾夫	學校	洗衣機
一百萬	大象	賽車	高中學測	手機
廟宇	理髮師	照片	電話	國際學生 能力評估 計劃

練習 4：複述一篇文章

　　以簡短、清楚、易懂的方式陳述重點，這是在大多數溝通中不可或缺的能力。本項練習可以幫助你濃縮自己的核心信息。

目標	訓練自己整理出指定文章的要點（再製的言說思維）。
主題	不妨從以下方面尋找題目： 一報章雜誌的報導或文章 一新聞節目的報導 一擷取自網際網路的文章 一對於進階者：某本書的一個章節；他人的演講稿；諸如《經濟學人》等權威性報刊的高階文章。
進行方式	1. 擇取一篇你想再製的文章。不妨先從某些日報的小篇幅報導開始（最好不超過十五至二十行）。 2. 將文章從頭到尾讀一、兩遍，並且記下引人注目的關鍵詞（意義載體）。 3. 接著藉助這些關鍵詞，用明白、易懂的方式重述原文要旨。別忘了打開錄音器材！ 4. 藉助錄音成果與原文檢驗一下，自己在多大程度上準確重述了核心內容。回答自己兩個問題：什麼是我做得特別好的？什麼是我應該要改進的？在聆聽錄音成果時，也分析一下自己的聲音及陳述技巧。 5. 依照上述程序反覆練習，直到對成果滿意為止。

實用秘訣

● 如果你對擇取的文章已有所了解，不妨將文章朗讀一、兩遍，接著在沒有關鍵詞的輔助下重述原文。

● 當你正面臨一場重要的對話、電視訪問或記者會時（參閱第十三章），將這項練習稍事修改，它便能幫助你持久牢記重要的核心信息（知識模塊）。

練習 5：防禦不公平的攻擊

　　為了讓你能夠迅速找到方向，進而妥善應付不公平的手段與不公平的對手，在此特別將最重要的建議集合在一起。你可以藉助一些具體的攻擊自我測試，你在多大程度上掌握了有效的回應能力。

一般的實用秘訣

- 保持從容與鎮靜。如果你能建立起自己的「虛擬防護盾」（參閱第 37 頁），並且將對手的攻擊行為詮釋成「幼稚行為」，便可輕鬆做到這一點。此時你的內心對白可能是：「攻擊我的人看起來像個小孩。我要藉由回應幫助他，讓他再度有成人該有的言行舉止，並且遵守公平競爭的規則。」
- 善用辯論合氣道，將攻擊者的精力從你的身上轉移到事實上。始終將事實、公平競爭規則以及自己設定的目標擺在中心（參閱第 70 頁起）。
- 避免盲目的刺激反應，換言之，切勿魯莽地對情緒性攻擊與刺激主題自投羅網。利用橋句（參閱第 71 頁起）做為心理緩衝器，藉此來緩和攻擊並將焦點轉移到事實上。
- 收集十到十五個適合自己的個性與溝通風格的橋句。不妨參考第四章與第 288 頁及其後的範例和練習。在日常生活中訓練自己應用這些橋句。
- 在許多情況裡，稍微點出非就事論事的手段，便足以讓討論回歸建設性的正途：「再這樣相互指責下去，恐怕到頭來只會一事無成。不如讓我們好好地商量商量，現在該怎麼做才能解決問題？我的建議是⋯⋯」
- 請留心，在阻止不公平攻擊時也要讓對話繼續下去。因此，請你一方面要盡量避免使用那些強硬、會升高緊張情勢的機敏應答技巧，另一方面則要讓對方知道（即使並不容易），你很認真看待對

　　方的發言,而且他的發言內容對於問題解決也很重要。

● 萬一遇到格言論證或籠統的指責,建議你,盡量請求攻擊者將他的內容具體化。直接反問是要求對方對單純斷言提出證據最簡單的方法。

測試自己對於不公平攻擊的反應

　　想像一下,你在日常辯論中遭遇到以下這十二種攻擊。請你分別針對這十二種情況提出能有效阻止並且讓對話持續下去的回答。如有需要,不妨回頭翻閱一下第四章。請牢記,對於每種攻擊都有許許多多不同的回應方式。你可以在第 277 頁及其後找到附有評註的解答建議。

1. 攻擊 你的回應?	我覺得你的建議很糟。你其實只是想將自己的利益建築在別的部門的成本上。
2. 攻擊 你的回應?	你們這些剛從校園畢業的菜鳥根本一點經驗也沒有。如果我是你,我就會自制一點。
3. 攻擊 你的回應?	你不該在這裡說些天方夜譚。
4. 攻擊 你的回應?	萬一革新方案在未來的一年裡一事無成,我們該怎麼辦?
5. 攻擊 你的回應?	你所說的話,恐怕連你自己都不相信吧!

6. 攻擊 你的回應？	一年前你可不是這麼認為。
7. 攻擊 你的回應？	身為企業的發言人你當然得這麼說。可是身為一個人，恐怕連你自己也都不支持這項措施。
8. 攻擊 你的回應？	你們公司提供的服務簡直爛透了！如果你說你們是以客為尊，恐怕要笑掉人家的大牙！
9. 攻擊 你的回應？	你所謂的預測，根本就是在做白日夢。那些不著邊際的數據簡直是完全脫離現實。我自己對於整個市場少說也有十五年的了解。
10. 攻擊 你的回應？	你的對手一直打斷你的發言。
11. 隱藏的攻擊 你的回應？	學界不少行銷專家都推崇我們的客戶關係管理方案堪為典範。（陳述的內容是捏造的）
12. 攻擊 你的回應？	這根本完全不對。為何你要陳述不實的內容？

練習 6：十種訓練機敏應答技巧的練習

　　你可以練習第六章傳授的機敏應答技巧。請牢記，對於每個攻擊都有許多可能的機敏應答。萬一你想不起任何一種，至少要有一個替代答案。你可以在第 281 頁起找到解答建議。

1.反問技巧	
攻擊	a）你的專業中文沒人能懂。 b）你說你的策略「以客為尊」，該不會是認真的吧？ c）我覺得你的投影片活像一鍋無聊的大雜燴。
你的回應？	a） b） c）
2.翻譯技巧	
攻擊	a）你的隊伍自始至終就沒有團隊精神。 b）你根本就無法讓董事們聽你說什麼。 c）你欠缺穩定。你的上一個雇主與你的合作只維持了三個月。
你的回應？	a） b） c）
3.修改攻擊的定義	
攻擊	a）你真是徹頭徹尾地獨裁。 b）穆勒小姐，妳可不可以別哭哭啼啼的？ c）你顯然很盲目。
你的回應？	a） b） c）
4.「正因如此」技巧	
攻擊	a）你總是屌兒嘟噹。 b）在我看來，身為新進人員你太缺乏經驗，無法負責這個重要的計畫。 c）你浪費太多時間與顧客閒扯。
你的回應？	a） b） c）

5.將否定的陳述轉為肯定的觀點

攻擊	a）在我所負責的市場上，這種產品根本賣不出去。 b）我們無法以如此高的價格贏得新客戶。 c）你們公司的服務熱線簡直爛透了。客服人員既不專業、又不親切。
你的回應？	a） b） c）

6.梳理問題中的影射

攻擊	a）在你的部門裡，大部分的員工都很不滿意。這到底是領導上出了問題，還是工作負擔太重？ b）你們的價格過高，完全是因為行政組織過於龐大，你們要如何因應這種現象？
你的回應？	a） b）

7.以敘明理由的方式回絕問題

攻擊	a）你們還是一直用逃漏稅的錢來支付整修房子的費用嗎？ b）你應該為與客戶商談做更好的準備。 c）妳上的妝看起來像是打翻的調色盤。
你的回應？	a） b） c）

8.掉轉攻擊者的（情緒）狀態

攻擊	a）你又像個化上戰鬥妝準備出草的土著。 b）我很少聽到像這麼愚蠢的證詞。 c）你嘛秀逗了！
你的回應？	a） b） c）

9.以其人之道還治其人之身

攻擊	a）你是個大白癡。 b）妳看起來糟透了。也許妳該再去接受健康治療，妳不覺得嗎？ c）妳以前比較瘦。
你的回應？	a） b） c）

10.不按牌理出牌與胡說八道的回答	
攻擊	a）你非常自負，除了自負外卻別無本事！
	b）泊車也是需要練習的！
	c）你是個不切實際的人！
	d）你不食人間煙火！
你的回應？	a）
	b）
	c）
	d）

練習 7：處理就事論事的異議

　　你可以在這裡練習，如何應付在招攬新生意時顧客所提出的就事論事的異議。請同樣牢記，這種情況裡還有許多可能的回應方式。你可以在第八章裡找到關於異議技巧的細節，並且在第 285 頁及其後找到解答建議。

1.異議 你的回應？	我們對現在的供應商很滿意。
2. 異議 你的回應？	關於這件事我還得再想一想。
3. 異議 你的回應？	你們的報價太高了。
4. 異議 你的回應？	你們的服務完全不符合我們的期待。
5. 異議 你的回應？	我現在沒時間。

6. 異議 你的回應？	你的引擎動力不像是最新的。
7. 異議 你的回應？	運用新科技總是需要經過一段培訓，我們沒有這種美國時間。
8. 異議 你的回應？	如果能降價百分之十五，我就跟你簽約。

練習 5「防禦不公平的攻擊」的解答建議

　　下列回應完全是針對：如何將對手的精力從你個人身上轉移到事實上。要遵循的準則是：在阻止攻擊時，還要維持對話續行。降低緊張情勢的策略在職場溝通裡經常是最好且最有效的途徑。

1. 攻擊	我覺得你的建議很糟。你其實只是想將自己的利益建築在別的部門的成本上。（人身攻擊）

可能的回應方式：

a）你的異議告訴了我，你對我的建議存有疑慮（橋句）。你的具體疑慮究竟是什麼？

b）我無法將你的發言視為公平論述（橋句）。我們的建議完全符合公司的經營策略。就細節上來說……

評注：藉助橋句來封阻，並藉由a反問與b自己的論述，將攻擊者的精力轉移到事實上。

2. 攻擊	你們這些剛從校園畢業的菜鳥根本一點經驗也沒有。如果我是你，我就會自制一點。（人身攻擊）

可能的回應方式：

a）我認為，不帶偏見著手做一件事是一種優點（橋句）。在創新上，最重要的就是將年輕人的創意與老一輩的經驗結合起來。

b）在我看來，事實論述的品質才是最重要的。請問你對於事實的看法是什麼？

評註：防禦技巧與對於攻擊1的回應相同。

3. 攻擊	你不該在這裡說些天方夜譚。（人身攻擊）

可能的回應方式：

a）我不是很確定你是否對真正的對話感興趣（橋句）。你究竟有些什麼具體的疑慮？

b）會說出這樣的話，表示你對自己的立場沒有信心（橋句）。讓我再把問題說明一次。

評註：防禦技巧與對於攻擊1的回應相同。

4. 攻擊	萬一革新方案在未來的一年裡一事無成，我們該怎麼辦？（假設性問題）

可能的回應方式：

a）你的問題是基於悲觀。我們的預測是根據專家委員會以及具有公信力的經濟研究所提供的數據。就細節上來說……

b）究竟是基於什麼觀點，你會認為這項革新方案會失敗？

評註：切勿盲目地對假設性問題自投羅網。請檢驗問題的假設，並介紹背景資訊。

5. 攻擊	你所說的話，恐怕連你自己都不相信吧！（質疑能力／使對手失去信心）

可能的回應方式：

a）這一點我恐怕要讓你失望了（橋句）。我完全確信這麼做是對的。我的主要論據是……

b）你的反應讓我覺得你對我的說法有所保留（橋句）。具體來說，你究竟反對什麼？

評註：防禦技巧與對於攻擊1的回應相同。在a情況下，以「我信息」來做橋句；在b情況下，則以緩和、降低緊張情勢的說法來做橋句。

6. 攻擊	一年前你可不是這麼認為。（質疑能力／使對手失去信心）

可能的回應方式：

a）沒錯，施耐德先生。不過我認為，當客觀條件發生變化、相關知識推陳出新，重新檢討自己的看法是有益的。

b）我的意見形成主要是受到經濟局勢改變的影響。就細節上來說……

評註：介紹背景資訊並強調自己的學習能力。

7. 攻擊	身為企業的發言人你當然得這麼說。可是身為一個人，恐怕連你自己也都不支持這項措施。（惡意影射／質疑公信力）

可能的回應方式：

a）這一點我恐怕要讓你失望了（橋句）。我個人確信這麼做是正確的。這是基於兩個關鍵性的論據。

b）我不得不反駁你的影射。說服我的主要有兩項論據，我希望它們也能說服你。

評註：先藉助橋句封阻。接著返回事實主題，並且介紹背景資訊。根據不同的情況，你可以採取a溫和的（藉助「我信息」）或b強硬的（明白駁斥影射）方式來回應。

8. 攻擊	你們公司提供的服務簡直爛透了！如果你說你們是以客為尊，恐怕要笑掉人家的大牙！（格言論證／籠統的影射）

可能的回應方式：

a）事實並非如此（橋句）。事實上，我們的服務理念的確是以客為尊。讓我舉三個例子來說明……

b）幸好這不是事實（橋句）。我很樂意藉這個機會說明一下，我們的服務理念是做對客戶有利的事。

c）這或許只是你個人的感受（橋句）。幸好事實正好相反。

d）面對如此籠統的說法，我實在不知從何說起（橋句）。可否請你具體說明你的不滿？／可否具體說明你有何不愉快的經驗？

評註：你應當藉由介紹背景資訊來和籠統的斷言做個對比。你不妨在橋句後面提出一個反問（回應d）。

9. 攻擊	你所謂的預測，根本就是在做白日夢。那些不著邊際的數據簡直是完全脫離現實。我自己對於整個市場少說也有十五年的了解。（格言論證）

可能的回應方式：

a）穆勒博士，身為一個市場專家，你哪來那麼大的疑慮？

b）在你看來，究竟在哪些方面這些數據不可信？

c）你對我們的預測所根據的數據有所質疑。我很樂意為你說明我們所根據的前提……

評註：一般來說，反問是讓錯誤論據或事實得以浮現的最佳方法（類型a與b）。如果你的數據或證據遭到籠統的貶抑，你也可以如類型c，介紹一下背景資訊。

10. 攻擊	你的對手一直打斷你的發言。（無理的打斷）

可能的回應方式：

a）可否容我把話說完，穆勒先生？

b）請給我個機會讓我完整陳述想法。

c）請讓我把話說完。我也未曾打斷過你的發言。

評註：請你友善且堅定地捍衛自己的發言權，否則你將會處於劣勢。

11. 攻擊	學界的不少行銷專家都推崇我們的客戶關係管理方案堪為典範。（攻擊者利用捏造的斷言或數據論述）

可能的回應方式：

a）這聽起來似乎蠻不錯的（橋句）。不過我有兩個問題：那些行銷專家讚賞的是哪些方面？提出讚賞的又是哪些專家？

b）唯有當我了解你引述的那些評價，我才能回應（橋句）。如果你能提供相關研究，我會很樂意對此表達看法。

或是忽略：

c）也許真是如此（橋句）。可否讓我回到我的團隊針對這項客戶關係管理方案所指出的兩個缺點。

評註：回應a與b揭示了最好的回應方式：在橋句之後提出一個要求明確說明的問題。在回應c中，先不去理會對手單純的斷言，接著再將辯論拉回你認為的重點。

12. 攻擊	這根本完全不對。為何你要陳述不實的內容？（人身攻擊／使對手失去信心）

可能的回應方式：

a）你的問題讓我很訝異（橋句）。顯然相關事實還沒有傳達清楚。這項研究是基於XY。

b）我實在不曉得你為何做出這樣的評斷（橋句）。我的論據與事實相符，我很樂意為你再次說明……

c）我覺得你對我做的指責很不公平（橋句）。我想再次重申，我們根據的是可信且可驗證的數據資料。就細節上來說……

d）你為何會這麼說？

評註：切勿讓自己不安，此時應當從容且鎮定地重述論據。你也可以採用辯證的方法（如類型c），接著將攻擊者的注意力轉移到事實上或是直接反問。

練習 6「十種訓練機敏應答技巧的練習」 的解答建議

以下解答建議會告訴你，如何藉助機敏應答技巧反擊不正當攻擊。

1.反問技巧	
請你立刻對攻擊者提出反問，藉此讓籠統的斷言或抽象的概念具體化。反問具有反擊的效果！	
攻擊 回應	a）你的專業中文沒人能懂。 a）可否請你具體地說說看，你到底有什麼不明白的地方？ 　　我很訝異。難道其他聽眾也有同樣的反應嗎？
攻擊 回應	b）你說你的策略是「以客為尊」，該不會是認真的吧？ b）你所認為的「以客為尊」究竟是什麼？
攻擊 回應	c）我覺得你的投影片活像一鍋無聊的大雜燴。 c）可否請你具體說說看，到底什麼地方讓你覺得無聊？ 　　在你看來，我的報告要如何才能更簡短、更有趣？
2.翻譯技巧	
將具有傷害性的攻擊轉成（翻譯成）順應你的方向。	
攻擊 回應	a）你的隊伍自始至終就沒有團隊精神。 a）這一點我恐怕要讓你失望了。我們的團隊有良好的默契與能力， 　　我們的表現是有目共睹的。
攻擊 回應	b）你根本就無法讓董事們聽你說什麼。 b）我真是不曉得你為何做出這樣的評斷。在重要的議題上，我們一 　　起公開討論是理所當然的。你所指的或許是組織改造或預算的問 　　題。
攻擊 回應	c）你欠缺穩定。你的上一個雇主與你的合作只維持了三個月。 c）以今日的觀點看來，我其實很幸運，能夠在三個月之後找到新的 　　方向。我有充分的理由可以說，如今的工作百分之百適合我。
3.修改攻擊的定義	
為攻擊者的言詞或陳述賦予新的內容。	
攻擊 回應	a）你真是徹頭徹尾地獨裁。 a）如果你所謂的「獨裁」指的是領導者有能力以堅定且負責的態度 　　貫徹某些困難的決定，那麼你是對的。

攻擊	b）穆勒小姐，妳可不可以別哭哭啼啼的？
回應	b）如果你所謂的「哭哭啼啼」指的是我擁有高度的同情心與社交能力，那麼我很樂於同意你的說法。
攻擊	c）你顯然很盲目。
回應	c）如果你想說的是，我勇敢地代表團隊表達出重要論述，那麼我很樂意同意你的看法。

4.「正因如此」技巧
扭轉對手的陳述，並且視實際情況補充或延伸。

攻擊	a）你總是屌兒啷噹的。
回應	a）或許吧。可是正因為我表面上看起來是這樣，所以我能很快地與顧客打成一片。
攻擊	b）在我看來，身為新進人員你太缺乏經驗，無法負責這個重要的計畫。
回應	b）我並不這麼認為。正因為我在這個公司待的時間不長，所以我能毫無成見、沒有包袱地負責這項工作。
攻擊	c）你浪費太多時間與顧客閒扯。
回應	c）乍看之下閒聊似乎很多餘。可是正因為我非常看重，所以我和顧客的關係十分良好。在我看來，顧客的信任是非常重要的競爭優勢。

5.將否定的陳述轉為肯定的觀點
使用這個技巧，將對手的否定轉為肯定。

攻擊	a）在我所負責的市場上，這種產品根本賣不出去。
回應	a）為了要讓這項產品的推出也能在你負責的區域成功，我們該做些什麼？
攻擊	b）我們無法以如此高的價格贏得新客戶。
回應	b）為了要讓客戶能夠接受我們的價格，我們該做些什麼？
攻擊	c）你們公司的服務熱線簡直爛透了。客服人員既不專業又不親切。
回應	c）我不曉得為何你會做出這樣的評斷。藉由徵選優質人才、加強教育訓練以及電話調查分析，百分之九十的客戶都對我的熱線服務品質感到「滿意」或「非常滿意」。

6.梳理問題中的影射
更正對手在問題中夾雜的未經證實斷言或影射。

攻擊	a）在你的部門裡，大部分的員工都很不滿意。這到底是領導上出了問題，還是工作負擔太重？
回應	a）我真的不曉得你為何會做出如此評斷。我的團隊士氣高昂，而且有高度的團隊精神。 所幸你的說法完全與事實不符。我的員工士氣高昂，我為我們優良的工作氣氛感到十分驕傲。
攻擊	b）你們的價格過高完全就是因為行政組織過於龐大，你們要如何因應這種現象？
回應	b）你前半段的說法完全與事實不符。三年前我們做了策略性的革新，大舉減少了成本過高的情形。如今在這方面，我們已有特別妥善的措施。

7.以敘明理由的方式回絕問題
藉由簡短敘明理由，拒絕回答不公平的提問。

攻擊	a）你們還是一直用逃漏稅的錢來支付整修房子的費用嗎？
回應	a）你的問題太不像話了，所以我拒絕回答。 你的問題太讓人訝異了，或許你是想要藉此轉移你的行為缺失。
攻擊	b）你應該為與客戶商談做更好的準備。
回應	b）舒曼博士，我想你無權批評我的工作風格。因此，我不想回應你的指教。話說回來，在你做準備時，到底哪些地方特別重要？
攻擊	c）妳上的妝看起來像是打翻的調色盤
回應	c）原則上，我不會去評論非就事論事的攻擊。

8.調轉攻擊者的（情緒）狀態
將攻擊者的言語攻擊歸因於他個人的情緒狀態。

攻擊	a）你又像個化上戰鬥妝準備出草的土著。
回應	a）你我的品味顯然有很大的差異。
攻擊	b）我很少聽到像這麼愚蠢的證詞。
回應	b）你的期待顯然完全不同。 你的陳述告訴我你顯然有所疑慮。究竟你還缺少哪些資訊？
攻擊	c）你嘛秀逗了！
回應	c）你顯然很不爽，到底哪裡出了問題？ 你看起來很激動。到底你在激動什麼？ 聽你這麼說，你顯然是屈居下風。 你認為，你說這種話究竟會讓你的形象變得更好還是更糟？

9.以其人之道還治其人之身
在這種「強硬的」機敏應答裡，攻擊者會感到遭受侮辱、諷刺或不公平攻擊的切膚之痛。
注意：用這種強硬回應通常會讓緊張的情勢升高！

攻擊	a）你是個大白癡。
回應	a）我並不想牙還牙來指責你智商低落或連基本的算術能力都沒有。讓我們言歸正傳……
攻擊	b）妳看起來糟透了。也許妳該再去接受健康治療，妳不覺得嗎？
回應	b）你確定你的視力沒有問題嗎？我強烈建議你，儘快去看眼科醫生！
攻擊	c）妳以前比較瘦。
回應	c）我在想，你或許是想藉此來轉移自己頭髮稀疏的事實。

10.不按牌理出牌與胡說八道的回答
回答出乎攻擊者的意料之外，例如用一個牛頭不對馬嘴的諺語或天馬行空的主題。

攻擊	a）你非常自負，除了自負外卻別無本事！
回應	a）是喔，正如俗語所說：水中無梁（意即「容易淹死」）。（牛頭不對馬嘴的諺語）
攻擊	b）泊車也是需要練習的。
回應	b）你一定聽過這句話：人多手雜。
攻擊	c）你是個不切實際的人。
回應	c）誰是舞蹈比賽的選手？
攻擊	d）你不食人間煙火。
回應	d）在月亮後面真的有生物嗎？

練習 7「處理就事論事的異議」的解答建議

1.異議：我們對現在的供應商很滿意。

可能的回應方式：
這一點我為你感到高興。不過，不知你對第二供應商有何看法？
備有一個有效率的替代方案不是挺好的嗎？
在什麼樣的條件下你願意給我們一個機會？
在選擇供應商方面，哪些標準對你而言最重要？

2.異議：關於這件事我還得再想一想。

可能的回應方式：
這點我能理解。何時我可以再打電話給你？
究竟還有哪些問題懸而未決？
這點我能理解。不過，能否在今天之內給我個答覆？

3.異議：你們的報價太高了。

可能的回應方式：
乍看之下似乎是如此。可是我們高品質的服務絕對值得這個價格。
具體來說，你想表達的是什麼意思？
究竟是哪些服務的價格過高？
和什麼相比？
你拿什麼和我們的服務做比較？

4.異議：你們的服務完全不符合我們的期待。

可能的回應方式：
具體來說，你想表達的是什麼意思？
你心目中那些超出我們服務品質範圍以外的期待究竟是什麼？

5.異議：我現在沒時間。

可能的回應方式：
這一點我能理解。讓我們一起訂個新的時間吧。
關於接下來該如何進行，你有何建議？

6.異議：你的引擎動力不是最新的。

可能的回應方式：
我很訝異，你是如何做出這樣的評斷？
我很訝異，因為亞琛科技大學的動力科技教授為我們出具了證明……
我不曉得你是根據什麼樣的資料。所有專業人士都一致證明我們的引擎動力是最頂尖的。
就細節來說……

7. 異議：運用新的科技總是需要經過一段培訓，我們沒有這種美國時間。
可能的回應方式： 我能理解你的疑慮。根據相關的計畫，我可以向你保證，我們的培訓不會漫無止境。 事實上，在初步階段訓練是必要的。工作與培訓會同步進行，不會造成工作的空窗期。如此一來，你便能享受新科技帶來的降低成本及提高品質的好處。就細節上來說……
8. 異議：你如果能降價百分之十五，我就跟你簽約。
可能的回應方式： 我們的價格很公道。可否容我再次說明我們的品質與特色？ 為何你希望降價百分之十五？ 為何你認為我能提供給你這樣的折扣？ 我們的價格是經過嚴格的計算，因此問題在於，我們如何才能降低自己的品質以迎合你降價的要求。

練習 8「八個正方形」的解答建議

　　任務：請你將一個正方形分成四個同樣大小（形狀相同，面積也相同）的等分。

　　請試著找出更多不同的解答。

「橋句」的範例

我信息

* 你的問題讓我很訝異。
* 這點相當出乎我的意料之外。
* 我很在意你的指責。
* 我無法將你的問題歸類。
* 我很遺憾。
* 你剛剛說的話把我搞糊塗了。
* 你的攻擊讓我很受傷。
* 我感覺自己遭受到不公平的攻擊。
* 我很擔憂。
* 如果沒把心中的話講完，我會不太舒服。
* 如果沒讓我知道重要訊息，我會很生氣。

有條件地同意

* 所幸這只是單一事件。
* 你所談的全都是負面的經驗，如此往往會忽略掉我們實際的成就……
* 我大致同意你的看法。只不過就 B 這一點來說，我們的意見不太相同……
* 我同意你的看法。但還要顧及另一個觀點。

將焦點轉移到你自己的核心信息

* 你的異議讓我了解到，這項計畫的基本構想顯然表達得還不夠清楚……
* 我很樂意為你說明，有哪些觀點支持這個解決方案……
* 乍看之下似乎是如此，可是如果仔細觀察一下……
* 如果對於實際的改善視而不見，的確有可能會讓人造成這樣的印

象……

- 你的問題指出了一個關鍵點……
- 除了那些被提及的風險外，事實上還存在著許多契機……
- 利益顯然還沒有被提及……
- 這只是片面的觀點。整體來看還有……
- 你的評斷跟我的經驗不符。事實是這樣……

遇到不公平的攻擊時

- 這個說法很籠統。可否容我再次為你說明這項方案的優點……
- 這只是你個人的看法。事實上，我們在 XY 方面表現得比過去來得好。
- 可惜我無法讓你相信……
- 你該不會期待我同意你的發言吧？
- 我覺得自己遭到不公平的攻擊！
- 我認為依照這程度繼續談下去無濟於事。
- 你詆毀我的發言。我不知道你有什麼顧慮。
- 你剛剛那句話是針對我個人發動攻擊。
- 你的反應顯示，你對我的論據有所保留。
- 你的說法並沒有表達你的疑慮。
- 把你不同意的地方告訴我，我才能回答你的問題。
- 如果我們能再就事論事地討論，我會非常歡迎。
- 你剛剛對我所說的話確實太過分了！

遭到侮辱與憤怒的攻擊時

- 侮辱不能讓事情有進展。請不要做這種事。
- 我們在這層面上沒有共識。我們不妨一起看看，要怎麼做才能讓事情運作下去。
- 對不起，聲音分貝可以小一點嗎？不然我無法專注在主題上。
- 等到你不再那麼衝動，我們就可以繼續談下去。
- 你的音量不利於雙方好好談。因此我建議我們的談話到此為

止⋯⋯

- 你認為我的論據不合理，我覺得不公平。你對我們有什麼異議？
- 我注意到你非常激動。你要不對我做人身攻擊，要不就要就事論事。

反問（特別在遇到格言論證的時候）

- 你的異議告訴我，你對我的建議有很大的疑慮。究竟你反對的點是什麼？
- 我不確定自己是否正確理解了你說的話。可否請你⋯⋯
- 可否請你做個更具體的說明？這樣我才能更準確地回應你的陳述。
- 你所說的究竟是什麼意思？
- 你的斷言所指的究竟是什麼？
- 換做你是我，你會怎麼做？
- 你對我的建議有什麼不滿？
- 如若不然，你有什麼建議？
- 為何這項標準對你而言如此重要？
- 不如你親自去駕駛訓練班體驗看看？
- 我是否正確理解了你所說的話，如果⋯⋯（檢驗性對話）
- 可否告訴我，你還想知道哪些資訊？

區別

- 你的問題裡包含了一個影射與事實不符。
- 關於這項主題，其實有許多相關研究。
- 正如每項革新都會有正反不同的意見。
- 這是你提到的一個面向。可是在 XY 狀況裡，還有其他兩個面向必須注意⋯⋯

釋放理解的信號

- 對於你的立場，我完全能夠體諒。

- 換做我是你，我也會這麼想。
- 我完全可以理解你為何會生氣。
- 我完全可以理解你對價格的在意。
- 我完全理解你的請求……

奉承你的對手

- 你剛剛說的內容很有趣。
- 身為專業人士的你或許能給我一點建議……
- 我很高興你提到了這一點。
- 考夫曼先生，你指出的這一點相當重要。
- 我同意你所說的，而且……

爭取時間

- 我想先說明一下……
- 我想先釐清一下……
- 可否容我將你的問題放在一個較大的脈絡裡……
- 可否請你做更具體的說明？這樣我才能更準確地回應你的陳述。

藉以導入「任意」資訊的轉接用語

- 可否容許我先指出三項創新之處……
- 且容我先說明一下你的問題……
- 可否容我再補充一個想法……？
- 我們的成就經常會被忽視……

結語

　　如果你能從容、自信且準備充分地迎向辯論的壓力，你便創造了優化辯論能力的最佳條件。由於壓力是種主觀的體驗，建議你，不妨先從保持從容態度與克服潛在焦慮著手。正面且充滿自信的姿態能大大幫助你，在對手面前表現得既強大又有說服力，從而確保你可以在平等地位上辯論。由於台風、肢體語言與聲音等因素會左右你對對手施予的影響，因此，相當值得去尋求改進這些方面的機會。對此，第三章可以協助你找出訓練的方向。

　　從容且面對現實的態度，不僅有益於降低自己感受到的緊張程度，更可讓你輕鬆地防禦不公平的攻擊，並化解各種小手段與心理戰術。當壓力逼近恐慌臨界點時，我們的大腦不僅無法深思熟慮做出反應，更遑論採取有效的防禦策略。萬一遭受到非就事論事的攻擊手段，可以採取的技巧及回應方式都說明在第四到第六章裡。請找出適合你自己以及你所面臨情況的實用秘訣。這一點同樣適用旨在快速、準確且有創意地進行回擊的機敏應答策略上。然而在職場上，你最好避免採取強硬的機敏應答技巧，應當盡可能確保對話續行。請謹記這句格言：放棄勝利，追求雙贏！如果你將對方踩在腳底下，即使勝利也將會得不償失。你會失去他人的認可與同情。

　　請積極地在所有生活情境裡尋找提升辯論能力的機會。請釋放熱情與主動，尤其是在壓力狀況下。切勿失去自信，務必用盡一切力量將行為的權柄掌握在自己的手中。請化解被動與恐懼，並且勇於接受錯誤。在通往成功的道路上，犯錯是難免的，重要的是將這些失敗化為教訓，並且避免再次犯下同樣錯誤。

　　無論你是從一本書、一套訓練課程或是與專家對話中學到辯論的專業知識，當你在提升自己的說服能力時，請始終注意，忠實地做自己！請你從學來的秘訣與技巧中，篩選出適合自己的工作環境、事業目標及個性的建議。遇有疑義時，它們能幫助你完成更棒的（就事論事的）辯論。

在此意義上，我祝你在完善辯論能力方面十分成功。

阿爾伯特‧提勒

國家圖書館出版品預行編目資料

邏輯贏話術：德國菁英教你在壓力下反敗為勝、創造雙贏的自信溝通法 /
阿爾伯特‧提勒（Albert Thiele）著；王榮輝譯 . -- 初版 . -- 臺北市：商周
出版：家庭傳媒城邦分公司發行 , 2015.07
面；　公分 . --(Live & learn；15)
譯自：Argumentieren unter Stress：Wie man unfaire Angriffe erfolgreich
abwehrt

ISBN 978-986-272-826-0(平裝)

1. 商業談判 2. 說話藝術 3. 溝通技巧

490.17　　　　　　　　　　　　　　　104009813

邏輯贏話術：德國菁英教你在壓力下反敗為勝、創造雙贏的自信溝通法
Argumentieren unter Stress: Wie man unfaire Angriffe erfolgreich abwehrt

作　　　　者 /	阿爾伯特‧提勒（Albert Thiele）
譯　　　　者 /	王榮輝
企 畫 選 書 /	程鳳儀
責 任 編 輯 /	余筱嵐

版　　　　權 / 林心紅、翁靜如
行 銷 業 務 / 莊晏青、何學文
副 總 編 輯 / 程鳳儀
總　 經　 理 / 彭之琬
事業群總經理 / 黃淑貞
發　 行　 人 / 何飛鵬
法 律 顧 問 / 元禾國際商務法律事務所 王子文律師
出　　　　版 / 商周出版
　　　　　　　台北市104民生東路二段141號9樓
　　　　　　　電話：(02) 25007008　傳真：(02)25007759
　　　　　　　E-mail：bwp.service@cite.com.tw
　　　　　　　Blog：http://bwp25007008.pixnet.net/blog
發　　　　行 / 英屬蓋曼群島商家庭傳媒股份有限公司 城邦分公司
　　　　　　　台北市中山區民生東路二段141號2樓
　　　　　　　書虫客服務專線：02-25007718；25007719
　　　　　　　服務時間：週一至週五上午 09:30-12:00；下午 13:30-17:00
　　　　　　　24 小時傳真專線：02-25001990；25001991
　　　　　　　劃撥帳號：19863813；戶名：書虫股份有限公司
　　　　　　　讀者服務信箱：service@readingclub.com.tw
　　　　　　　城邦讀書花園：www.cite.com.tw
香港發行所 / 城邦（香港）出版集團有限公司
　　　　　　　香港灣仔駱克道193號東超商業中心1樓；E-mail：hkcite@biznetvigator.com
　　　　　　　電話：(852) 25086231　傳真：(852) 25789337
馬新發行所 / 城邦（馬新）出版集團 Cite (M) Sdn. Bhd.
　　　　　　　41, Jalan Radin Anum, Bandar Baru Sri Petaling, 57000 Kuala Lumpur, Malaysia.
　　　　　　　Tel: (603) 90578822　Fax: (603) 90576622　Email: cite@cite.com.my

封 面 設 計 / 徐璽工作室
排　　　　版 / 極翔企業有限公司
印　　　　刷 / 韋懋實業有限公司
經　 銷　 商 / 聯合發行股份有限公司
　　　　　　　地址：新北市231新店區寶橋路235巷6弄6號2樓
　　　　　　　電話：(02)2917-8022　傳真：(02)2911-0053

■2015年7月7日初版　　　　　　　　　　　　Printed in Taiwan
■2019年11月5日初版5.1刷
定價350元

城邦讀書花園
www.cite.com.tw

廣　告　回　函
北區郵政管理登記證
北臺字第000791號
郵資已付，免貼郵票

104　台北市民生東路二段141號2樓

英屬蓋曼群島商家庭傳媒股份有限公司城邦分公司　收

- -

請沿虛線對摺，謝謝！

書號：BH6015	書名：邏輯贏話術	編碼：

讀者回函卡

感謝您購買我們出版的書籍！請費心填寫此回函卡，我們將不定期寄上城邦集團最新的出版訊息。

不定期好禮相贈！
立即加入：商周出版
Facebook 粉絲團

姓名：＿＿＿＿＿＿＿＿＿＿＿＿＿＿＿＿＿＿＿＿　性別：□男　□女

生日：西元＿＿＿＿＿＿＿年＿＿＿＿＿＿月＿＿＿＿＿＿日

地址：＿＿＿＿＿＿＿＿＿＿＿＿＿＿＿＿＿＿＿＿＿＿＿＿＿＿＿＿

聯絡電話：＿＿＿＿＿＿＿＿＿＿　傳真：＿＿＿＿＿＿＿＿＿＿＿

E-mail：

學歷：□ 1. 小學 □ 2. 國中 □ 3. 高中 □ 4. 大學 □ 5. 研究所以上

職業：□ 1. 學生 □ 2. 軍公教 □ 3. 服務 □ 4. 金融 □ 5. 製造 □ 6. 資訊

　　　□ 7. 傳播 □ 8. 自由業 □ 9. 農漁牧 □ 10. 家管 □ 11. 退休

　　　□ 12. 其他＿＿＿＿＿＿＿＿＿＿＿＿＿＿＿＿＿＿＿＿＿＿＿

您從何種方式得知本書消息？

　　　□ 1. 書店 □ 2. 網路 □ 3. 報紙 □ 4. 雜誌 □ 5. 廣播 □ 6. 電視

　　　□ 7. 親友推薦 □ 8. 其他＿＿＿＿＿＿＿＿＿＿＿＿＿＿＿＿

您通常以何種方式購書？

　　　□ 1. 書店 □ 2. 網路 □ 3. 傳真訂購 □ 4. 郵局劃撥 □ 5. 其他＿＿＿

您喜歡閱讀那些類別的書籍？

　　　□ 1. 財經商業 □ 2. 自然科學 □ 3. 歷史 □ 4. 法律 □ 5. 文學

　　　□ 6. 休閒旅遊 □ 7. 小說 □ 8. 人物傳記 □ 9. 生活、勵志 □ 10. 其他

對我們的建議：＿＿＿＿＿＿＿＿＿＿＿＿＿＿＿＿＿＿＿＿＿＿＿＿

＿＿＿＿＿＿＿＿＿＿＿＿＿＿＿＿＿＿＿＿＿＿＿＿＿＿＿＿＿＿＿

＿＿＿＿＿＿＿＿＿＿＿＿＿＿＿＿＿＿＿＿＿＿＿＿＿＿＿＿＿＿＿